小学生优秀课外读物

如何塑造出完美的自己

做优秀的自己

姜忠喆　竭宝峰◎主编

辽海出版社

责编:刘波

图书在版编目(CIP)数据

做优秀的自己/姜忠喆,竭宝峰编. – –沈阳:辽海出版社,
2015.11

ISBN 978 – 7 –5451 –3586 –2

Ⅰ.①做… Ⅱ.①姜… ②竭… Ⅲ.①成功心理 –青
少年读物 Ⅳ.①B848.4 –49

中国版本图书馆 CIP 数据核字(2015)第 282438 号

做 优 秀 的 自 己

姜忠喆,竭宝峰/主编

出版:辽海出版社	地址:沈阳市和平区十一纬路 25 号
印刷:北京华创印务有限公司	字数:480 千字
开本:880mm ×1230mm 1/32	印张:40
版次:2016 年 4 月第 1 版	印次:2016 年 4 月第 1 次印刷
书号:ISBN 978 – 7 –5451 –3586 –2	定价:168.00 元(全 8 册)

如发现印装质量问题,影响阅读,请与印刷厂联系调换。

前　言

　　浓缩传统智慧精华的成长故事,可以使我们获得来自心灵的启示,让我们拥有人生的大智慧,甚至可能改变一个人的命运。一则好的故事可以教育我们知晓生存的意义;一则好的故事可以让我们以新的方式去体会大千世界、芸芸众生;一则好的故事可以改善与他人的关系,怡人性情。在面临挑战、遭受挫折时,读读这些故事,相信你能从中汲取力量;在烦恼、痛苦和失落时,读读这些故事,相信你能从中获取慰藉;读读这些故事,相信你能鼓起梦想的风帆。

　　为此,我们辑录成书——《做优秀的自己》,全书共八册,多以古代传统故事组合形式各自独立成篇,选取最有代表性的加以编排整理,在每一则故事的后面,我们都配有简短的点评,希望能给本书的读者一点点帮助。但我们深深知道,故事所包含的智慧远远不止这一点点,不同的人可能有不同的见解,仁者见仁,智者见智。我们只希望小小的点评可以起到抛砖引玉的作用,通过读者自己的思考融会贯通,以求得对自己全面的、系统的了解。切忌断章取义,只抓住一句话就作判断、下结论。我们相信读者能从故事中感知到更多的人生成长启示。

关于本书的辑录

1 感恩——我怀感恩的心

人，要常怀有一颗感恩的心，去看待我们正在经历的生命，悉心呵护。我们应该感恩出现在生命中的人、事、物，是他们让生命更有意义，显示出生命别样精彩。

2 宽仁——我学宽厚仁爱

人，活在世上就要学会宽仁，学会原谅别人，这是一种文明、一种胸怀，对人宽仁心胸宽广，帮助别人快乐自己。别人若是不小心犯了错误，而不是明知故犯，就要原谅；对朋友要热情，遇到需要帮助的人一定给予帮助，凡事往好的方面设想，多看到别人的优点，不贬低别人。

3 正直——我要正直诚信

正直是我们的一种优秀品德。正，就是说话做事正确，坚持正义去主持公道。这样的人就会得到别人的爱戴，这样的人就有了一身正气、一身正能量。

4 责任——我来管好自己

责任就是能担当，就是接受并负起职责。对于我们就是首先要管好自己、对自己负责，这样才能走向成功，相反的就会误人又害自己。这就需要我们有十足的信心和勇气好好用知识来提高自身的素质。

5 尊重——我会尊重别人

尊重是人与人之间和美相处的前提,尊重别人才能赢得别人对自己的尊重,尊重别人就是尊重自己。你对别人的尊重会在那个人心中留下美好的印像;那么,别人也会好好对待你。

6 勤奋——我也可以最棒

生命中能有所成就,靠的就是勤奋。一分耕耘一分收获,只有辛勤的付出才有喜悦的收获,不要以为自己比别人聪明就不需要勤奋学习,那样做只会使自己退步。只有坚持不懈的努力学习,我们才能成功。

7 自信——我能面对艰难

自信就是一种思想、一种感觉,就是对自己的肯定。拥有了自信就拥有了力量,我们可以时时暗示自己:我能行;我是最棒的;我不退缩不恐惧就一定能成功;我会更加优秀的。学会欣赏自己、表扬自己,找到自己的优点、长处来激励自己。

8 乐观——我想快乐无忧

人,在任何情况下都应该保持乐观的心态。乐观对待事物,我们的生活才可以无忧无虑,才能轻松愉悦。面对生活中的种种难处都要乐观面对,以平淡和乐的想法去处理,这样你的一切就会充满阳光。

目录

第一章
学会愉快生活

愉快生活,需要坦荡、宽广的襟怀。"君子坦荡荡,小人常戚戚。"一个心胸狭窄的人,自以为有"松柏气节",受不得半点"气",结果常常闹得自身不愉快。事实证明,越不愿受气就越生气,这还谈何愉快? 光有"松柏气节"不行,还需有"云水襟怀"才好。愉快生活,需要友善、乐观精神。每个人都是社会的一分子,生活在社会的大家庭中,每天有好多事要做,分内的事要做,分外的事也要做。比如参加救灾捐款,献爱心于希望工程,面对坏事不旁观……这些,尽管其中有些事情不是每人每天都会遇到的,但只要乐意去做,每每做过之后,心境总是愉快的。愉快生活,需要正直、无私的品格。正直、无私至少可以做到正确对待个人得失,把愉快作为一种美好的心境,发于情,出自心,金钱不能买,物质不能比。生活中,经商的人往往为少赚了利润而烦恼,拾破烂的人往往为多得破烂而欣喜,腰缠万贯者却又为有钱而"心事重重",虽犹未及,怎能愉快? 惟有不计个人得失,才能使愉快之树常青。愉快生活,需要开朗、豁达的性情。人生活中难免有令人不愉快的事伴随：与人争吵，小人得志、正直被欺……面对这些不愉快，要保持愉快、豁达的性情。不顺心的时候要想得开，不顺眼的事要看得开。别人强过自己，不必嫉妒，嫉妒只会给自己带来烦恼，带来痛苦，反使自己不愉快。为别人的愉快而愉快，就能增加自己的愉快，这便算得学会了愉快生活。

　　当乌云布满天空之时，悲观的人看到的是"黑云压城城欲摧"，乐观的人看到的是"甲光向日金鳞开"。

　　当你"山穷水尽"的时候，乐观还是一笔巨大的财富，你完全可以依靠这笔财富重整旗鼓。

——读书札记

优孟仅要立锥之地

春秋时,楚国著名艺人优孟与楚相孙叔敖很好。后来,孙叔敖得了重病,临死前叫来儿子说:"我死后没有财产给你,你一定要受穷的,到时你就找优孟,说是孙叔敖的儿子。"说完就闭上了眼睛。

几年后,孙叔敖的儿子果然十分贫困,只好靠打柴度日。一天,他在路上碰见优孟,就对他说:"我是孙叔敖的儿子,父亲临死前告诉我,贫困时找你。"优孟说:"我替你想想办法吧。"

优孟回到家里,找来一套孙叔敖生前留下的衣服穿上,练习孙叔敖的言行举止,直到练得非常相像,才去见楚庄王。楚庄王见了后,吃惊地说:"孙叔敖,你不是死了吗?怎么还活着?"隔了一会儿,楚庄王又说:"既然你还活着,那么还是当相国吧。"优孟说:"我回家与妻子商量一下,如果她同意,三天后我就来上任。"

三天后,优孟又扮作孙叔敖的样子来见楚庄王。楚庄王问他说:"你妻子的意见如何?"优孟摇摇头说:"妻子叫我最好不要当相国,说我忠心耿耿,廉洁奉公,辅佐楚王你称霸天下,可现在儿子连锥尖那么一点儿土地也没有,穷得靠打柴为生,当这样的相国,还不如死了的好!"说完,优孟脱下孙叔敖的衣服,现出本来面目,又唱起了歌:"山里的农夫苦啊,连食物也没有!贪婪的官吏钱多啊,竟不顾羞耻!奉公守法的官吏,一生没做过坏事,像孙叔敖那样,相国当来又做什么?"

楚庄王被优孟的表演深深打动,立即召来孙叔敖的儿子,封给他一块有四百户人家的土地。

人生箴言

至于宽闲之野,寂寞之滨,每自寓其天怀之乐,而淡泊明志,宁静致远,未尝不处处流露。

——(清)无名氏《杜诗言志》。

成长启示

即使到了宽阔僻远的郊野或水边,我也会经常怀着一颗天生的乐观之心,在平淡中表露志向,在宁静中达至高远,这样的态度我可以随处流露。

乐观淡泊的庄子

赵肃侯担心秦国来攻,便暂时不让苏秦去约会列国诸侯,苏秦回到相府里有点担心。后来,他想出一个好办法来:利用一个人,叫秦国不来打赵国。但关键有一点,就是那个人挺机灵的,哪能让苏秦利用呢?

苏秦打算利用的那个人叫张仪,是魏国人,同当初的苏秦一样,是个穷困潦倒的政客。他曾求见过魏惠王,但魏惠王没用他,他便带着家小到楚国求见楚威王。楚威王也像魏惠王那样,认为只要找到一个特别有本领的人拜为相国,便能够把楚国治理得像秦国那样富强了。张仪还没到楚国时,楚威王早就听说有个了不起的名人,叫庄周,便打发使者前去请他来做相国。

庄周也是中国历史上很有名的一个思想家,他同孔子、孟子、墨子一样有不少门生,人们都把庄周称为庄子。庄子是宋人,因为宋国一部分的土地被楚国兼并了,所以他也算是楚人。他是老子一派道家的中心人物,他目睹列国的君王和贵族你欺我诈地争权夺利,心里非常厌恶,尤其反对人们行为虚伪和“成则为王,败则为寇”的是非标准。他说:“做了升、斗,量东西,可人家连升、斗也给偷了去;做了秤,称东西,人家连秤也偷了去;做了符、做了印,作为凭信,人家连符和印都偷了去;提倡仁义来纠正人们的行为,人家连仁义也偷了去。偷了一只钩子的,逮住了便定死罪;偷了一个国家,倒是做了诸侯,诸侯家里有的是仁义!”

　　庄子因为厌恶列国诸侯和贵族们你欺我诈的行为，就反对虚伪的道德标准，这在混乱的时代也是对统治者的一种反抗。但是他走上了消极的道路，否定一切，甚至连做人的意义和人类的生存意义都否定了，他认为人生只不过是一场梦而已。有一天，他做了一个梦。在梦里他变成了一只蝴蝶，在树林子里飞来飞去。他醒来一想："原来我庄周在梦里变成了一只蝴蝶。"这本来也没有什么太奇怪的，可是他却幻想起来了："我到底是庄周呢，还是蝴蝶？是庄周在梦里变成蝴蝶了呢，还是蝴蝶在梦里变成庄周了呢？反正人生如梦，庄周做梦也好，蝴蝶做梦也好，没有多大的关系。"这种想法使他越来越悲观了。

　　他有个朋友叫惠施，宋国人，人们都称之为惠子。他同孟子也是同时代人，都见过魏惠王和齐宣王。惠施官运亨通，做到了魏惠王的相国。有一次，庄子去魏国看他，有人对惠施说："庄子名声大，本领高，他一来，我斗胆说句您不爱听的话，您这相国的职位也许就保不住了。"惠施感到害怕，便下了一道命令，在国内搜查庄周，搜了三天三夜。后来庄周自己去见了惠施，对他说："南方有种鸟叫凤凰，你知道吗？凤凰从南海出发，飞到北海去。累了，不是梧桐树就不停下来；饿了，不是竹实就不吃；渴了，不是甘泉就不喝。这时候，有只夜猫子，抓着一只腐烂的死耗子，看到凤凰过来，抬起头来盯着凤凰嚷着说：'嗨！不准抢我的死耗子！'现在你也抓住魏国来'嗨'我吗？"惠施红了脸，向庄子道歉。

　　惠施还请庄子出去玩，他们在濠水桥上走，庄子看到桥下的鱼儿从从容容地游来游去，不由得说了声："这是鱼的快乐啊！"惠施喜爱辩论，就说："您不是鱼，怎么知道鱼的快乐呢？"庄子反问说：

"您不是我,又怎么知道我不知道鱼的快乐呢?"惠施说:"照这么说来,我不是您,就不能知道您;那么,同样的道理,您不是鱼,就不能知道鱼的快乐。"庄子一本正经地说:"要这么兜来兜去地套着说,谁都没法知道谁了。我只是说:因为我自己在桥上自由自在地走,觉得很快乐,就推想到鱼在桥下从从容容地游,也一定很快乐。"惠施才没话说了。

庄子和惠施虽然是朋友,可是终究因为两个人的思想和脾气都不一样,合不来。尤其是惠施做了大官,威风得很。庄子则看他越是威风,越发瞧不起他。

楚威王只知道庄子很有学问,但他不知道这种学问究竟有什么用,也不知道庄子的脾气。他于是派使者带着一千斤黄金作为礼物去见庄子,请他去做相国。庄子笑着对使者说:"一千斤黄金,这份礼够重了;一国的相国,这地位也够高了。可是您看见过祭祀用的牛吗?养了几年,养肥壮了,可以用了。牛身上披着绣花的彩衣,被人们牵到太庙里去。到了此时,它想做只小猪,办得到吗?"他又对使者说:"礼物请带回去,别来害我,我宁可做个老百姓在泥土中吃口苦饭过日子。"

庄子一辈子不愿意做官,楚威王终究没能把他请了去。

人生箴言

饭疏食饮水,曲肱而枕之,乐亦在其中矣。不义而富且贵,于我如浮云。

——《论语·述而》

成长启示

吃粗粮,喝冷水,弯着胳膊做枕头,其中自有它的乐趣。用不正当的手段得来的富裕和显贵,对我来说好像是天上的浮云。

木人石心的夏统

西晋时期,有一年三月初三这天,京都洛阳城的王公贵戚、才子佳人,都到洛河两岸宴饮游春,耀武扬威的太尉贾充也来游玩。

贾充忽然发现洛河边一只小船上,坐着一个很古怪的人。那人神情庄重,端坐船上,对周围的花花世界不屑一顾,无动于衷。贾充好奇,便问他的姓名。原来这人叫夏统,会稽永兴人,是个厌恶世俗浊流、洁身自守的隐士。因母亲病重,来京都买药。

贾充问他家乡有没有三月初三游乐的风俗,夏统傲然回答:"我们那里,性情平和,节操高尚,不慕荣华,有大禹的遗风。"贾充又问:"你家居水乡,会划船吧?"夏统驾船在河面上往返三次,他高超熟练的驾船本领,惊呆了两岸的游人。贾充又问:"你能唱家乡的歌吗?"夏统唱了三首赞颂大禹、孝女曹娥和义士伍子胥的歌曲,歌声慷慨激昂,动人心弦。

贾充觉得夏统是个人才，便要推荐他做官，不料一提当官，夏统勃然大怒，再也不愿答话。贾充心想：官职、地位、女色，谁见了能不动心？于是，他调来威武的仪仗队，在夏统面前显示荣耀，调来一大群美女，载歌载舞，花枝招展，把夏统团团围住。然而，夏统对眼前的一切，全不理睬。他稳坐船中，冷漠而又严肃。见此情景，贾充等人议论："这个家伙真是木人石心呀？"说罢，无可奈何地离去了。

人生箴言

不临财，不见义士之节。

——林逋《省心录》。

成长启示

不面对金钱的诱惑，不能显示道义之人的节操。

屈原洁身自好

战国时,屈原被楚国释放后,流浪在湘江一带。他常常一边走,一边吟唱楚国的诗歌,想到楚国的政局每况愈下,不由得忧心忡忡。长期的流放,使得他面容憔悴,脸黄肌瘦。

一天,屈原来到湘江边上。一个渔父见到他后,很惊讶地说:"你不就是楚国的三闾大夫吗?为什么弄到这个地步?"屈原长长地叹息道:"整个世道都像这泛滥的江水一样浑浊,而我却像山泉一样清澈见底;所有的人都像喝醉了酒一样失去了理智,而我却保持着异常清醒的头脑。所以,我被流放了。"

渔父听后嘲笑他说:"完美的人是不会受外在事物的约束的,而是掌握它的特征加以运用。例如,世道浑浊,为什么不搅动泥沙,推波助澜呢?众人皆醉,为什么不仿效他们把酒糟都吃了呢?何苦洁身自好,遭受到流放呢?"

屈原说:"我听说一个人洗头后戴帽,先要弹去帽上的灰尘;洗澡后穿衣,先要抖直衣服。怎么能使自己洁净的身躯,受到脏物的污染呢?"

渔父听后,知道无法改变屈原的看法,就唱着歌划着船离开了。

人生箴言

清越而瑕不自掩,洁白而物莫能污。

——刘禹锡《明赞论》。

成长启示

品德高超的人,不会掩饰自己的缺点,情操洁白的人,外物不能污染他的灵魂。

孔子三缄其口

春秋时期,孔子列游到东周,在周天子的祖庙里参观。庙堂右边台阶前有一尊铜像,它嘴上贴着三层封条,背上还刻有铭文说:"这是古代说话特别谨慎的典范,要引以为戒啊!不要多说话,多说话就多败亡;不要多管事,多管事而多祸患。安乐时一定要警戒自己不要忘乎所以,更不能去做使自己后悔的事情。别认为当时没什么妨害,其祸患将会很长久;别认为没有什么损害,其祸患将会很大;别认为没什么残害,其祸患将会蔓延;更别认为无人知晓,老天将会惩罚你。小火微光扑不灭,对熊熊大火怎能奈何;涓涓细流不堵住,就会汇成滔滔的江河;绵绵的丝线不剪断,就会织成罗网;不砍伐青青的幼树,枝繁叶茂之后,将需要找更大的斧。如果不能做到谨慎行事,就会酿成祸患的根源。口有什么坏处呢?它是招祸之门。强暴蛮横的人往往不得好死,争强好胜者必然会遇上对手;盗贼怨恨主人,百姓妒忌显贵。君子深知不可能压倒天下的人,所以甘落人后、甘居人下,反而使人敬慕。取柔弱之势,居低下之位,谁也不能与之抗争。人们都趋向彼方,我独坚守此处;众人迷惑、盲从,唯独我不肯随波逐流;内心蕴藏着自己的智慧,从不与别人比试技能高下;这样,即使身分尊贵,地位显赫,也没有人加害于我。大江大河之所以比众多的溪流更加源远流长,就是因为它地处低下。上天行事不分亲疏,常常保护好人。要以此为戒啊!要以此为戒啊!"孔子看后,回头对弟子们说:"你们要记住这些话!

这些话虽然粗俗,但切中事情的要害。《诗》上说:'小心谨慎,如面临深池,如脚踩薄冰。'能做到这样立身处世,就不会因说话招来灾祸了!"

人生箴言

静亦定,动亦定。

——程明道《定性书》。

成长启示

心意既要在静养时做到平定,又要在应接事务时做到平定。

二疏辞官

汉代汉宣帝时期,有两个贤德之人,一个叫疏广,字仲翁,东海兰陵人;一个叫疏受,字公子,是疏广的侄子。公元前67年,宣帝册立皇太子,选丙吉为太傅,疏广为少傅。数月以后,丙吉当上了御史大夫,疏广任太子太傅,疏受任太子家令。疏受好礼恭谨,才思敏捷,善于辞令。一次,宣帝来到太子宫,疏受迎送应对,祝酒上寿,一切都彬彬有礼,甚得宣帝欢心。不久,疏受就被封为太子少傅。皇太子每次入朝,疏广和疏受都陪同前往。太傅疏广在前,少傅疏受在后,叔侄同为太子师傅,在朝廷上下传为美谈。

一次,疏广对疏受说:"我听说,'知道满足的人不会受辱,懂得适可而止的人就没有危险。'功成身退,那是天经地义之举啊!我们官居高位,俸禄二千石,可称是功成名就了。如果不及时隐退,恐怕有后悔的那一天。我认为,不如叔侄二人相随出关,告老还乡,以终天年,这不是很好吗?"疏受叩头说:"谨听大人教诲。"当天,二人都上书称病。三个月后,皇帝垂问,疏广就说自己病重,上书请求告老还乡。皇帝认为他们确实老了,就答应赐给他们黄金二十斤,皇太子赠黄金五十斤。临行时,许多公卿大夫、朋友、同乡都为他们送行,在长安东廓门外摆下酒宴,送行者的车有几百辆,叔侄二人向众人告别而去。在道旁观看的人都说:"这是两位贤德的大夫啊!"有的人还感动得流下泪来。

人生箴言

孔子曰:"君子有九思:视思明,听思聪,色思温,貌思恭,言思忠,事思敬,疑思问,忿思难,见得思义。"

——《论语·季氏》。

成长启示

孔子说:"君子在九个方面进行考虑:看的时候,考虑是否看明白了;听的时候,考虑是否听清楚了;脸上的神情,考虑是否表现温和;容貌态度,考虑是否表现恭敬;说话的时候,考虑是否忠实;做事情考虑是否严肃认真;遇到疑惑问题考虑怎样向别人请教;生气发怒的时候,考虑会因此出现什么后果;见到可得的利益,考虑是否应该得到它。"

"愚钝"的向长

东汉时,河南穷苦的读书人名向长。他家境贫寒,口粮都不充足,经常断炊,好心的乡亲们经常周济他。

一天,邻居送给向长一斗米,向长只留下二升,其余的又还给了邻居。邻居很奇怪,问他说:

"向长呀,这米是送给你家的,为何不全收下?"

向长回答说:"够吃几天就行了,我觉得一个人还是穷一些好,穷比富好啊!"

邻居不明白他的意思,只好摇头。

向长对《老子》和《易经》这两部书,读得很精通,能够成章成节地背诵下来。乡里人以为他一定是学问很大的,就劝他去做官,可向长总是微笑着说:

"我这个人是做不得官的呀,我是一个山野中的人!"

有一次,王莽的大司马王邑,向朝廷推荐向长,他报告王莽说:"河南的隐士向长,精通周易,学问不浅,能够为您效力呀!"

"好吧!快派人把他请来吧!"

但是向长婉言拒绝了。乡里人对他的行为很不理解,大伙问他:"到朝廷做大官,有权有势,金银满车,你怎么不去呢?你难道是傻子吗?"

向长含笑不语,老半天才吐出一句话:

"我认为,人的地位显贵倒不如地位低贱的好!"

乡亲们笑他说:"你一定是学问太深了,越学越糊涂了……"

"不,不,"向长一本正经地说,"我的学问还不够,到如今我还弄不明白,是死了好呢,还是活着好些……"

从此,乡里人以为他是一个怪人,没有人再与他来往了。

后来乡里人听说,向长的儿女们都长大,成家立业后,他自己约会几个老朋友,去泰山、衡山、恒山、嵩山、华山旅行,几年之后就没人知道他的下落。

人生箴言

身修而后家齐,家齐而后国治,国治而后天下平。自天子以至于庶人,壹是皆以修身为本。

——《礼记·大学》。

成长启示

提高自身修养,然后才能管理好自己的家庭;管理好自己的家庭,然后才能治理好自己的国家;治理好自己的国家,然后才能使整个天下太平。因此,上至天子下至普通老百姓,一律都要以修养自身作为人生根本。

不痴不聋，不做家翁

唐代，爆发了有名的"安史之乱"，以后又接连发生了回纥、突厥等少数民族入侵，唐皇被逼得几次逃难，国势岌岌可危。倚仗郭子仪多次打败乱军，才使唐王朝转危为安。唐代宗李豫为了酬劳郭子仪，除了给他高官厚禄外，还把自己女儿升平公主嫁给他的儿子郭暖为妻。小两口吵架，升平公主摆起了公主架子。郭暖气忿忿地说："你是公主又有什么了不起！皇帝不是全靠我爸爸出力才能坐稳皇位么？我爸爸还不稀罕做皇帝呢，要不然早就做了！"升平公主气得立刻跑回皇宫去向皇帝哭诉。郭子仪吓得要命，郭暖的话如果被追究起来，是要满门抄斩的啊！于是立刻把郭暖捆绑起来，并向皇帝李豫请罪。李豫却不以为然地笑道："俗谚说：'不痴不聋，不做家翁。'儿子、媳妇吵嘴说的话，大人何必计较呢？"一场天大风波，就这样平息了。

人生箴言

人之性也善恶混，修其善则为善人，修其恶则为恶人。

——扬雄《法言·修身》。

成长启示

人性中包含有善恶两个方面,发扬其善的一面就可以成为善人,放纵恶的一面就会成为恶人。

抱瓮的老丈

孔子的学生子贡到南方楚国游历后,返回晋国,路过汉阴,看到一个老丈正在浇灌菜园。只见老丈凿出一个地道,通到井里,老丈抱着一个大瓮盛水浇灌,很费劲,浇灌得很慢。子贡对老丈说:"如果使用机械浇灌,一天可以灌一百畦,用力很少而效率很高,为何老丈不愿意使用呢?"

灌园的老丈抬起头来,看着子贡,问道:"是什么样的机械呢?"子贡回答道:"砍斫木头做成机械,后重前轻,提水就像抽水一样,抽起来速度很快,井水如同沸腾的开水直往上冒,这种机械的名字叫桔槔。"老丈显然生气了,变了脸色,然而却笑着说:"我听我师傅讲,使用机械的人必定要玩弄机巧之事;玩弄机巧之事的人必然会有巧诈的心思;存在巧诈之心,就不能保持内心的纯洁;内心不纯洁,就会心神不定;心神不定的人,其内心就容纳不了正道。我并不是不知道桔槔,而是耻于使用它罢了。"

子贡满面羞愧,低下头,无言以对。

人生箴言

人之生也,无德以表俗,无功以及物,于禽兽草木之不若也。

——林逋《省心录》。

成长启示

人活在这世界上,如果没有高尚的德行来作为一般人的表率,没有功绩可以惠及众人,那么就连禽兽草木这样一些没有灵性的东西也比不上了。

碌碌无为的阿奴

晋代有三兄弟,名叫周凯、周嵩、周璞,他们的母亲是个慈爱贤惠的妇女。周母在动乱中失去了丈夫,独自带着三个儿子从北方逃往南方,又把他们抚养成人。三个儿子长大后,深知母亲对他们恩重如山,对母亲极为孝顺。

一年冬至,周母备了一桌家宴,全家人高高兴兴地围坐在一起过节。席间,周母给大家各倒了一杯酒,然后端起酒杯感慨地对儿子们说:"我的前半生备尝艰辛,如今你们长大成人。看见你们围绕在我身旁,心里有说不出的欣慰,想来我的后半辈子有依靠了。"说完,便让大家饮尽杯中之酒。

这时,老二周嵩放下酒杯站起来,对着母亲双膝跪下哭了起来。周母很吃惊,问他怎么了。他说:"母亲刚才说下半生要靠我们三人,但我与伯仁(指其兄周凯)都有性格方面的毛病,这就是生性好强,为人锋芒毕露,恐怕今后难以自保。惟有弟弟阿奴(指其弟周璞)为人平庸,一个庸庸碌碌的人是不会招致祸患的。因此,也许只有碌碌无为的阿奴可以奉养母亲天年。"后来,周凯与周嵩都被王敦杀害。他们死后,奉养母亲的责任果真然就落到了小名阿奴的周璞身上。

人生箴言

德不孤,必有邻。

——《论语·里仁》。

🕊 **成长启示**

> 有道德的人不会孤单,必然有愿与他为伍的人。

王徽之拄笏看山

王徽之,字子猷,晋代会稽人,是著名书法家王羲之的儿子。才能卓绝出众,性情洒脱豪放,给大司马桓温当参军,蓬乱着头发,松散着衣带,不办理府中的公事。后米,又在车骑将军桓冲部下当骑兵参军,桓冲问他说:"您担任什么官职呢?"王徽之回答道:"好像是管马的官儿。"桓冲又问道:"您管理多少匹马呢?"王徽之回答说:"我连马都没有见过,怎么会知道有多少匹马呢!"桓冲又问道:"马已经死了多少匹?"王徽之回答说:"我不知道有多少活马,又怎么会知道有多少死马呢?"

有一次,王徽之跟着桓冲外出,正巧赶上天下暴雨,于是,王徽之下了马,挤到桓冲乘坐的车中坐下,对桓冲说:"您怎么能一个人霸占一辆车呢?"桓冲便对王徽之说:"您在官府也很久了,早应料理公务了。"王徽之听了,先不答话,两只眼睛望着远处,用手板支撑着面颊,只管看山景,答非所问地说:"早晨的西山,空气很新鲜呀。"

人生箴言

贫而无谄,富而无骄。

——《论语·学而》。

成长启示

即使处境贫困也不要去奉承巴结人;即使处境富裕,也不要骄横欺负人。

不忧世事的阮修

晋代名士阮修,字宣子,喜好《周易》《老子》之学,善清谈。当时,人们经常讨论有没有鬼神,许多人都认为人死后灵魂不灭,会变成鬼。而阮修却认为没有鬼,他说:"见到鬼的人说,鬼穿着活着为人时穿的衣服,这就不合逻辑了。就算人死后能变成鬼,可是衣服也能变成鬼吗?"人们听了,都觉得很有道理。

阮修性情放任旷达,不讲究人际关系。尤其不喜欢同庸俗的人交往,遇到这种人就走开。有时想念什么人,就随随便便地穿上衣服,不管早晚,便前去拜访。见面以后,有时也不说话,只是高兴地互相对视。他经常步行,在杖头上挂着一百钱,到酒店后,便独自畅饮。即使有时经过有权有势的人家,也不去拜访。家无一石粮的储备,他却高高兴兴,一点儿也不发愁。

人生箴言

君子坦荡荡,小人常戚戚。

——《论语·述而》。

成长启示

君子胸襟豁达坦荡,小人却经常忧虑不安。

坦然的叔向

春秋时代,晋国的大夫叔向因栾盈之党叛乱而受株连。被捕入狱后,有人对他说:"你之所以犯罪入狱,大概是因为你不聪明的原因吧?"叔向自我安慰地回答说:"虽被囚禁了,但总比死了好些。《诗经》上说得好,'悠哉游哉,聊以卒岁。'"

叔向有个熟人乐王鲋,也是晋国的大夫。此人有些诡计多端,是晋君身边的人。当他知道叔向入狱后,便去监狱看望叔向,并向叔向说:"我打算救你出狱。"叔向知道他的为人,并没有答应。乐王鲋走时,他也没有表示感谢。人们觉得奇怪,就责备他说:"乐王鲋是跟随晋侯的人,他可在晋侯面前为你说情呀!只要他肯救你,就一定能行啊!你为何还不答应呢?"叔向说:"我希望一个秉公正直的人来救我。"他停了一下接着说:"这个人就是祁奚,他外举不避仇,内举不避子,多么公正的人哪!如果他知道我的情况,他一定会来救我。"乐王鲋受到叔向的拒绝之后,心中十分不满,总想报复叔向。后来,晋侯问乐王鲋:"叔向究竟犯了什么罪?"乐王鲋说:"叔向是栾盈的同谋。"可是,就在同时叔向受到株连的事被祁奚知道了,因此他马上去找范宣子商量,希望他能把叔向救出来。范宣子也是晋国的大夫,并且为人公正,听说叔向是受株连,也就乐意出力。经范宣子的营救,叔向终于出狱了。叔向认为他们救他是为公而不是为私,所以没有去感谢他们。

人生箴言

不以物喜，不以己悲。
——范仲淹《岳阳楼记》。

成长启示

既不因外物的原因而或者喜悦或者悲伤，也不因个人的事情而或者喜悦或者悲伤。

季鹰怀念莼羹鲈脍

晋代有一个人叫张翰，字季鹰。他曾多年在洛阳任齐王司马冏的属官，官职很小，难以施展抱负。又因官府诸事繁杂，有很多不顺心之处。加之他预见到司马冏将要垮台，恐怕自己也会被连累进去，便想避祸退隐。

他曾对同郡人顾荣说："现在天下战乱纷纷，祸难不断，凡有名气的人都想退隐。我本是山林中人，对官场很难适应，对时局又很绝望。看来，也该防患于未然，考虑一下以后的事了。"然而要放弃眼前的功名利禄也不是很容易的事,他迟迟未作出最后的决定。

一年秋天,季鹰在洛阳感受到秋风阵阵,似乎带来了泥土的芬芳,突然产生了强烈的思乡之绪。接着,他又回忆起家乡吴地莼菜羹和鲈鱼脍(切得很细的肉)等佳肴美味,更觉得乡情无法排遣。因此,他自言自语地说:"人生一世应当纵情适意,既然故乡如此值得留恋,我又何必一定要跑到几千里之外,做一个受拘束的官儿,去博取什么名位呢?"之后他毫不犹豫地到齐王那里辞了官,驱车千里,回到了自己的故乡。

就在季鹰辞官回乡不久,齐王司马炯因谋反被杀,他手下的人纷纷受到牵连,有好些人还丢掉了性命。只有张季鹰幸免于难,人们都称赞他有先见之明。

人生箴言

食不语,寝不言。

——《论语·乡党》。

成长启示

吃饭时不说话,睡觉时也不说话。

第二章
淡泊才会快乐无忧

何为淡泊,简单说来就是对名利得失看得很淡,不花费精力和时间去刻意追求,以一种平常心处事的情怀。

自古及今,能够做到淡泊,并当作自己一生操守的人有许多。他们正是有了这种精神,才成就了一番了不起的事业,为世人所称道。

人生在世,名利都是身外之物。你就是时时刻刻永不停息、永无止境地去追求和索取它,也不会有满足的时候。相反,它还可能会给你带来无尽的坎坷和烦恼。

人贵有淡泊心。有了淡泊心,我们才能在失败面前不灰心丧气,在成功面前不骄傲自满,始终保持一种平和淡泊、乐观豁达的人生态度;有了淡泊心,我们才能用一种超然的心态对待眼前的一切,不以物喜,不以己悲,不做世间功利的奴隶,也不为世俗中各种搅扰、牵累、烦恼所左右,使自己的人生不断得以升华;有了淡泊心,我们才能在当今社会愈演愈烈的物欲和令人眼花缭乱、目迷神惑的世相百态面前神宁气静，做到"太行摧而不瞬，盛夏流金而不炎"，坚守自己的精神家园，执着追求自己的人生目标；有了淡泊心，我们才能抛开一切名缰利索的束缚，让人性回归到本真状态，从而获得心灵的充实、丰富、自由、纯净……

学会淡泊、拥有淡泊吧！学会和拥有了它，你就获得了打开人生幸福之门的钥匙。

淡泊，不是不思进取。不是无以作为，不是没有追求，而是以一颗纯美的灵魂对待生活与人生。淡泊明志，古人早已对淡泊有过精辟的见解。的确，淡泊犹如美好的天籁。

——读书札记

丙吉功高不领赏

丙吉是汉武帝时期的廷尉监。汉武帝末年,长安的郡邸狱关押了一批钦犯,他奉诏前来看管这座监狱里的犯人。

丙吉清查犯人,发现其中竟然有一个还在襁褓中嗷嗷待哺的婴儿,这婴儿不是别人,正是汉武帝的亲曾孙刘询。望着这个因饥饿而啼哭的婴儿,丙吉心生怜爱。他立即指定一个忠厚可靠的侍女,专门照顾刘询。

有一次,小刘询生了重病,丙吉及时请大夫进行治疗,才保住了小刘询的性命。刘询从小体质瘦弱,需要多吃些有营养的食物,于是丙吉就常常给那个侍女钱,让她去给刘询买补品吃。

一天,有个术士告诉汉武帝,说他夜观天象,看到长安的郡邸狱中有股天子气。年迈多病的汉武帝本来就常常无端生疑,惟恐他人篡夺了自己的帝位,加上术士这么一说,更是疑上加疑。

汉武帝越想越不安,于是传下圣旨,立即派人去郡邸狱,把关押在那里的犯人,无论罪行轻重,统统杀死。宦官郭穰领旨后星夜赶到郡邸狱,声称奉皇帝的圣旨,前来处决所有的犯人。

按照当时的法律,普通人犯了死罪,都得经过审判之后才能行刑,更别说这个监狱里面还关押着当今圣上的亲曾孙。丙吉坚决不执行圣旨,于是和郭穰争辩起来,两人谁也不肯相让,直到天亮,丙吉也没放郭穰进去。郭穰无计可施,只好无奈地回皇宫复命去了。

汉武帝听了郭穰的报告,觉得丙吉的做法确实有道理。他终于觉悟过来了,不仅没治丙吉的罪,而且还大赦天下。

后来,刘询当了皇帝(即汉宣帝),丙吉却从不提起先前照顾和保护他的往事,朝廷也没有表彰丙吉的功勋。有一次,一个原比丙吉官职低的人在上奏皇帝的奏折中提到了当年丙吉关心照顾当今皇上的往事。丙吉知道后,却把这个情节给删掉了。

有一个当年不好好服侍汉宣帝的人,却在汉宣帝即位后冒充功臣,请求封赏,并说丙吉知道情况。汉宣帝才从当年丙吉的属下那里了解到,丙吉对自己曾有救命之恩。

汉宣帝有些责怪地问丙吉为何不早些告诉他,丙吉只是淡淡地说那些过去的事不值一提。后来,刘询封他为博阳侯,他断然拒绝了。

人生箴言

知者不惑。
——《论语·宪问》。

成长启示

富有智慧的人遇到事情不会迷惑。

老聃见舌悟大道

　　大海边的台风可以把大树折断,但能把小草吹断吗?不能。原因是树刚而草柔。

　　公元前571年,周灵王元年二月十五日,楚国苦县(河南鹿邑东)厉乡曲仁里有一个生命"呱呱"坠地了。他的诞生,宣告了在不久的将来,影响后世两千多年的一种思想体系即将诞生。他叫老聃,字伯阳。

　　老聃在26岁时踏上家乡通往东周王朝的国都洛邑(洛阳)之路,周灵王命他做了管理周朝典籍的"守藏室之史",得以博览群书,了解前朝的兴衰之道及为人处世之法。

　　对老聃形成一套自己的思想体系影响最大的人当数商容。商容是一位知名学者,社会贤达。老聃久闻其名,专程拜访,希望能从他那里学到一些为人处世的道理。

　　这一天,老聃领着几位徒弟一起去拜望商容,进门后,说明来意,等候教诲。这时的商容,已经是白发苍苍、老态龙钟了。听到老聃要向自己学习一些为人及处世之道,微微睁开双目,也不搭话,只是把老得没牙的嘴张了张,露了露舌头,便又闭目养神去了。

　　老聃恭敬地向商容施了一礼,频频点头道:"学生知道了。"转身便走。

　　出门后,随行的徒弟不解地问道:"您向商容学道,他并没有告诉您什么,您怎么就知道了?知道什么了?"

老聃解释道:"他张开嘴就把道理解释清楚了。那意思是,牙齿是坚硬的,舌头是柔弱的,但是随着时间的推移,牙落而舌存,这是柔能克刚的道理呀。"徒弟们恍然大悟。

这就是老聃学商容,不言而知"道"。自此后,他一直用这个道理去分析当时的社会现象,并不断充实和升华其思想内涵。

周景王贵在执政了25年后,一病不起,撒手人寰。这一年,老聃51岁。

景王去世后,周王朝内部掀起了争位风潮。世子猛和王子朝你争我斗,混战不休。周悼王猛继位仅一年,王位又被另一王子匄夺得,是为周敬王。

公元前499年(周敬王二十二年),看不惯天下纷争、血雨腥风的老聃辞官归里,回到了故乡曲仁里。这时,他已是73岁高龄的老人了。而此时,距离战国仅有23年。

老聃返乡,过着隐士生活,他一边经常与病魔做斗争,一边苦心钻研学问。整个春秋时期,大小战争不下百次,他在体味着那个时代,也在体味着他所亲历的世子猛和王子朝这两位刚烈人物的斗争以及他们短得可怜的政治生涯,体味着后来居上的那位木讷的王子匄这颗政治新星徐徐而升、经久不落的道德背景。

公元前478年,93岁的老聃辞别了家乡外出传道。他的目标是远在西方的秦国乃至西域,他的代步工具是一头青牛。

这一年九月的一个早晨,夜雨刚过,紫霞满天,由东而西通往秦国的函谷关高高耸立的城楼出现在眼前。

镇守函谷关的大将叫尹喜,这是位仰慕老聃已久的儒将。闻知老聃光临,不禁喜出望外,把老聃接到馆舍,殷勤问候,热情招待,慢慢地向老聃提出了一个不大不小的要求,原来是想让老聃把自己的思想写下来保存。

盛情难却,老子终于答应下来了。

"道可道,非常道。名可名,非常名……"

几天后,一部伟大的哲学著作《道德经》问世了!

《老子》,又名《道德经》,凡五千言。

老子思想的精髓是以柔克刚,就做人而言,即为知雌守柔。

老子的"德"是统治艺术或人际关系,"道"则是整个世界发展的最一般的规则。

"道"的特性是无形、无名、永存,但是可以感觉和把握,是其最高的哲学范畴。在他那里,"无"和"有"是一对起始就有并伴随事物发展始终的既对立、又统一的哲学范畴。

老子思想最明显的特点在于,他有一个聪明的辩证法体系,承认矛盾运动,承认变化,认为事物的变化是一个回复的过程。他承认转化,事物总是由好向坏、尔后又由坏向好的转化,总是向其本来目的的反面转化。

他强调自然,这个"自然"不是指自然界,而是自然而然的意思。他认为"柔"是自然(虚静)法则,是"用"。他的"以柔克刚"的社会实践理论,对于中华民族心理形成起了一定的作用。

他认为,矛盾的转化在于越度,超出一定度的一定质的事物就会转向其反面。得之过多必溢,击之过烈必反,喜之过甚必悲,贪之过度必殆。他强调:"柔之胜刚,弱之胜强。""祸兮福之所倚,福兮祸之所伏。""合抱之木,生于毫末;九成(层)之台,起于累(垒)土;千里之行,始于足下。""强梁者不得其死。""见素抱朴,少私寡欲。"大智若愚,大巧若拙,大辩若讷,大音希声,大象无形。

老子提倡以柔克刚,《易经》提倡刚柔相济。其实,刚与柔的运用都是有条件的。短时间得胜,以刚克柔的作用大些;长时间相较,以柔克刚的作用才能明显。所以,为人处世,一般是刚柔相济、能屈能伸好些。

后来,汉朝的淮南王刘安组织人撰写的《淮南子》中,用许多历史事实印证了老子思想的主要精神。

人生箴言

> 智,烛也。
>
> ——扬雄《法言·修身》。

成长启示

智慧,是光明的蜡烛啊。

庄周化道无小我

把名利纷华看作过眼云烟而洁身自好的人,必有清心寡欲、顺其自然的品格。

有这样一件事:道家学派的创始人老子去世时,秦失来吊唁,哭了几声就走了。

老子的弟子不理解,拦住他问:"你不是老子的朋友吗？这样吊唁就够了吗？"因为好朋友去世,一般人都是很伤心的,秦失的草率似乎表示对死者不够尊重。

秦失却这样回答道:"我这样哭几声就可以了。老子该来时,应时而生;该走时,顺理而死。安心适时而顺应变化,所以不必悲伤。"

许多年过去了,继老子之后的另一道家学派的集大成者庄子的妻子死了,他的朋友惠子前往吊唁,却看到庄子两腿分开坐在地上,一边敲打着瓦盆,一边还唱歌呢。

惠子不解地责备庄子:"你和妻子生活了一辈子,她为你生儿育女,照顾家庭,如今年老去世,你不伤心哭泣也就算了,怎么还敲着瓦盆唱歌呢,这不是有点太过分了吗！"

庄子说:"她刚死的时候,我也伤心。可是仔细一想,人本来就没有生命。不仅没有生命,连形体也没有;不仅没有形体,而且没有气。气变化成形体,形体变化成生命,现在生命又发生了变化,回到了死亡。妻子的死,就像春夏秋冬一样自然,她已安息在大自然的怀抱。如果我还围着她啼哭不止,那就是不懂得生命了。"道家是讲顺其自然的,老子、庄子都如此。

庄子,名周,是战国时的思想家,约生于公元前369年,公元前286年去世,与孟子同时代。

庄子一生只做过一次管理漆园的小吏,后来连这个职务也辞掉了。他住在穷村陋巷之中,饿得面黄肌瘦,但他宁肯靠织草鞋为生,也不愿巴结权贵,过着清贫的生活。他讥讽那些讨好王侯的人为"舔痔"。为了得到精神上的自由,他对宰相这样的职位也不看重。

庄子的朋友惠施当了魏惠王的宰相,一次庄子去魏国看望他,有小人说庄子是来抢相位的,惠施便心生疑忌。庄子嘲讽他说:"南方有一种鸟叫凤凰,非梧桐树不落,非竹实不食,非甘泉不饮,它怕不干净的东西污染了自己的身体。有一天,一只鸱鸟叼了只发臭的死耗子,看见凤凰从天上飞过,以为要来抢夺自己的死耗子,便惊慌失措,张牙舞爪地吓唬凤凰,口里还'嚇!嚇!'地发出赶走人家的声音,你说可笑不可笑?"惠施的疑团解开了。

一次,惠施领着庄子去见魏惠王,魏惠王说:"为了打仗我辛苦呀,十几年前齐国打我们,我也想给他们一点教训,但是还拿不定主意,另外顺便请教一下养生之道。"

庄子问:"您见过蜗牛吗?"

"见过。"

"在您的花园里有一只蜗牛,它的左角上有个国家叫触氏,它的右角上有个国家叫蛮氏。两个国家为了争夺一块土地发生了旷日持久的战争。有一天,他们在最后一次决战中触氏大获全胜,杀死了数以万计的敌人,并追入蛮氏国境,整整走了十五天才撤退。"

魏惠王听了这个故事觉得好笑:"您在骗我吧,小小蜗牛角哪儿有什么国家,更何况伏尸数万,追逐十五日。再说,那么点儿土地值得争夺吗?"

"这是事实,我问您,四方上下是无穷还是有穷?"

"无穷。"

"如果让您的精神在这无穷中遨游,然后回过头来看一看我们常人所说的天下,是不是觉得若有若无?"

"是的。"

"无穷之中有天下,天下之中有魏国,魏国之中有大梁(魏都),大梁之中有您。那么,大王与那蜗牛之角的蛮、触之国还有区别吗?"

"没有。"

"既然没有区别,那么魏国和齐国的战争还值得吗?"

"不值得。"

"是啊,只有保持清静无欲的心态,才可以养生。"

🎉 人生箴言

> 智明然后能择。
> ——程颢、程颐《二程集·河南程氏粹言》卷一。

🕊 成长启示

只有头脑清醒,才能进行正确的选择。

许由避名进深山

自古及今，名利都是天下人熙熙攘攘竞相追逐的东西，但如果真把它放得下，却原来天未必就不蓝，水未必就不清。

尧是位任贤使能的人，因为自己的儿子丹朱不成器，所以，尧开始物色接班人的时间已经很久了。

父系氏族社会到了尧的时代，作为一代帝君（部落联盟首领）的人，已经有不小的权力了。那个时代，国都有城郭，有护卫首都的军队，有刑罚措施，有大大小小的中央官吏和地方官吏，做这样的首领是许多人可望而不可及的。但是，确也有不为名利所羁的人，许由就是这样的人。

尧在让天下于舜之前就听人讲过，离尧都不远的地方有一位叫许由的人，德才兼备，温良谦让，为人厚道。于是，尧便慕名前往造访。

到了许由的家乡一打听许由的言行，不仅传言无讹，而且许由还是一位贞固吃苦的人，并以此磨练自己的心性。这个人夏天住在树上，冬天住在山洞之中，渴了到河里掬水喝，连个杯子都没有。有人见他这样清苦，就送了一把水瓢给他，他也不用，挂在住的树上，后来听到这瓢被风吹得直响，烦得他一拳把瓢打了个稀巴烂。看来他可真是个喜欢清静，不怕吃苦的人。尧觉得让这样心性恬淡的人做首领，大概不会是个贪官。于是，便诚心诚意地来到许由的住处。

"许由呀,听说你是位贤能的隐士,我想把天下让给你来管理,怎么样?"尧说。

许由听了,脸憋得通红,喘着大气对尧讲:"你治理天下已经卓有成效,天下一片太平景象,却要将天下让给我,我为了什么?为了名吗?名只是派生出来的东西,我会为这一个派生出来的附属物丢掉我悠闲自在的生活吗?为了利吗?这不是对我的污辱吗?况且我听说像鹪鹩那样的鸟,在大森林里筑巢也不过占上一枝就够了;像牛一样大的鼹鼠跑到黄河边饮水,喝饱一肚子也就足了。我要天下干什么,增加我的负担吗?"

劝说无望,尧只得回去了。

过了一些时候,尧还不甘心,又派人请许由做负责全国行政事务的长官。许由认为这一次比上一次的污辱更大,气得他偷偷地跑到河南嵩山下,在箕山对面的颍水河边躲了起来。躲起来也还是越想越不对劲,干脆又跑到颍水河边掬了河水洗起耳朵来。

这时,有位叫巢父的放牛翁正牵着牛在许由的下游给牛饮水,见许由正在洗耳朵,大为不解,问他洗耳朵为了什么。

"唉,尧想召我为管理各地事务的长官,我听了恶心得不行,故尔洗洗耳朵。"许由说。

不料这巢父更是个视名利如粪土的角色,听许由这么一讲,忙不迭地牵了牛就走,走到许由的上游继续给牛饮水,说许由洗耳朵的水污染了牛嘴。

许由受了这三番五次的羞辱,气得再也没有在人前露面。

后来,许由终老于嵩山,葬于箕山,尧封其墓曰许由冢。

人生箴言

人而智,则是非不迷。

——颜元《颜元集·习斋纪余》卷六。

成长启示

为人明智,那么就不会混淆是非。

胡林翼祝寿

"曾左彭胡"是清朝中兴的四大名臣,胡林翼虽然排名最后,很大程度上是因他去世得早,实则他的功勋与前三位相较,不差多少,而且在前三位最艰难的时候,全赖胡的大力扶持与帮助。胡林翼勇于任事,见识非凡,做事做官都很有一套。

当胡林翼在湖北任军门提督时,一把手湖北巡抚满人官文,是个糊涂官,但很得朝廷的信任。胡林翼要全力支持曾国藩的前线战事,就必须同官文搞好关系,否则就很难办成事。

某日官文为夫人做寿,胡林翼备礼前往,及到门口,看见有些官员怒容满面,拂袖而去,这才知道官文是给五姨太做寿,而不是原配夫人。依当时习俗,姨太太是没什么地位的,尽管官文很喜欢这位姨太太,可还是有许多官员觉得难堪。

以胡林翼的身份名望,完全可以不去拜寿。但胡林翼不仅进府拜寿,还在席间提出,自己的母亲没有女儿,一直想认个干女儿,五姨太如此人品,老太太定然满意。

官文和五姨太见胡林翼能赏脸光临,已是大大的高兴,再听此言,更是心花怒放,这样一来五姨太的出身地位就风光了许多。第二天五姨太即前往胡府拜见老太太,正式认亲。

在当时各省中,一般都是满人、汉人搭班子,多数合不来,互相牵制。惟有湖北,将相和睦,胡林翼得以全力做事,而官文不但不再添乱,还总在朝廷面前为其美言。

人生箴言

见险而能止,知矣哉。

——《周易·赛》。

成长启示

看见危险而能够停止所做的事情,是明智啊。

不信谗言

自古以来，历代成就大业的帝王，有诸多因素，而用人不疑则是一个非常重要的因素。孙权信任诸葛谨就是一个例证。

孙吴诸葛谨，字子瑜，琅邪阳都人，生于174年，卒于241年，诸葛亮的兄长。东汉末年，军阀混战，诸葛亮于隆中躬耕垄亩，后经刘备"三顾茅庐"而出山为其所用；其兄诸葛谨，避乱江东，经孙权妹婿弘咨荐于孙权，受到礼遇。初为长史，后为南郡太守，再后为大将军，领豫州牧。

诸葛谨受到重用，引起了一些人的嫉妒，暗中谗言其明保孙吴、暗通刘备，为其弟诸葛亮所用。一时间，谣言四起，满城风雨。孙吴名将陆逊善明是非，他听说后非常震惊，当即上表保奏，声明诸葛谨心胸坦荡，忠心事吴，根本没有不忠不孝之事，恳请孙权不要听信谗言，应该消除对他的疑虑。孙权说道："子瑜与我共事多年，恩如骨肉，彼此了解得十分透彻。对于他的为人，我是知道的，不合道义的事不做，不合道义的话不说。刘备从前派诸葛亮来东吴的时候，我曾对子瑜说过：'你与孔明是亲兄弟，而且弟弟应随兄长，在道理上也是顺理成章的，你为什么不把他留下来呢？如果你要孔明留下来，他不敢违其兄意，我也会写信劝说刘备，刘备也不会不答应。'当时子瑜回答我说：'我的弟弟诸葛亮已投靠刘备，应该效忠刘备；我在你手下做事，应该效忠于你。这种归属决定了君臣之分，从道义上说，都不能三心二意。我兄弟不会留在东吴，如同我不会到蜀汉去是一个道理。'这些话,足以显示出他的高贵品格,哪能出现像所流传的那种事呢? 子瑜是不会负我的,我也决不会负子瑜。前不久,我曾看到那些文辞虚妄的奏章,当场便封起来派人交给子瑜,并写了一封亲笔信给子瑜,很快就得到了他的回信。他在信中论述了天下君臣大节自有一定名分的道理,使我很受感动。可以说,我和子瑜已是情投意合,同时又是相知有素的朋友,决不是外面那些流言蜚语所能挑拨得了的。我知道你和他是好朋友,也是对我的一片真情实意。这样,我就把你的奏表封好,像过去一样,也交给子瑜去看,也好让他知道你的一片良苦用心。"

人生箴言

> 知莫大乎弃疑。
>
> ——《荀子·议兵》。

成长启示

没有比抛弃怀疑更大的明智了。

有容乃大

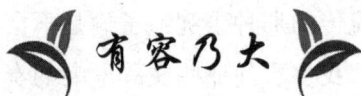

一般用人者,都希望手下之人有功,不愿其有过,不容其有过。然而善于用人者,却能利用手下人的过错,化消极为积极,充分调动手下人的积极性。

唐高祖便是如此。

李靖青年时就颇有文才武略,他常对亲近的人说:"大丈夫若生逢其时,遇到明主,必当建功立业,以取富贵。"他的舅父韩擒虎号称名将,每次与他谈论军事,都连声称善,抚摸着他的后背说:"能和我在一起谈论孙子、吴起兵法的,只有这个人啊!"

李靖初仕隋,任长安县功曹,后任驾部员外郎。左仆射杨素、吏部尚书牛弘都与他相友善。杨素曾经抚摸着自己的坐椅说:"你终究要坐在这个位置上。"

大业末年,李靖任马邑郡丞。适逢高祖李渊在塞外攻击突厥,李靖访察高祖的行动,知道高祖有夺取天下之志,便要向隋炀帝密告高祖李渊预谋造反的事。他将要前往江都(今江苏扬州),到了长安(今陕西省西安市),因为道路阻塞不通而停下来。高祖攻破京城长安,擒获了李靖,要将他斩首,李靖高喊道:"您起义兵,本来是为天下人除暴乱,想成就大事业,却因为个人恩怨而要斩杀壮士吗?"高祖认为他言辞雄壮,太宗又坚持为他说情,于是高祖就饶恕了他。不久,太宗将李靖召入幕府。

武德二年(公元619年),李靖随太宗讨伐王世充,因立下大功授开府之职。当时,萧铣占据荆州(所在今湖北江陵),高祖派李靖前去安抚他。李靖率轻装的骑兵到达金州(治所在今陕西安康),遇到南方少数民族首领所率领的数万蛮兵驻扎在山谷,庐江王李援率军前去讨伐,屡次被蛮兵击败。李靖为李援设计攻击蛮兵,多次取胜。李靖率军到达决州(一作峡州,治所在今湖北宜昌),被萧铣的军队阻遏,长时间不能前进。高祖因为李靖在中途长时间滞留而大怒,暗中命令决州都督许绍将李靖斩首。许绍爱惜李靖的才能,为他请命,于是李靖才得以免除死罪。适逢开州(治所在今四川开县)蛮兵首领冉肇则造反,率领蛮兵进攻夔州(治所在今四川奉节县东),赵郡王李孝恭与蛮兵交战失利。李靖率领八万精兵,突袭蛮兵营寨,然后又在地势险要之处设下埋伏,蛮兵果然中计。交战中,李靖将蛮兵首领冉肇则斩首,俘获蛮兵五千余人。高祖闻讯,非常高兴,对众朝臣说:"我听说,使功不如使过,李靖果然发挥了他的重要作用。"于是,高祖降旨慰劳李靖说:"你竭诚尽力,功劳极其显著。我远在都城,已看到你的至诚之心,特予赞扬奖赏,请勿担忧不得富贵。"亲笔给李靖写书信道:"我对你既往不咎,过去的事,我早就忘记了。"

李靖接到高祖的亲笔信之后,深受感动,更加竭忠尽智报效国家,以谢高祖知遇之恩。

人生箴言

愚者暗于成事,智者见于未萌。

——《战国策》卷十九。

成长启示

> 愚昧的人,即使是面对已经有了结果的事情,还是会迷惑不解,看不清楚形势;而明智的人则在事情还处于萌芽状态时,就已经看得一清二楚了。

不计前嫌

"金无足赤,人无完人",这是一句至理名言。凡为人,都有自己的短处,也都会犯错误。即使一些名人才子也都如此。犯了错误怎么办? 有过则罚,改过则用。这也是用人的一大原则。隋高祖杨坚在对苏威的使用上,基本上就使用了这一用人原则。

苏威是隋初著名的宰相,他在任职期间多有惠政,为世人所称道,但是当初隋高祖杨坚发现和使用苏威这个人,并不是件很容易的事。

苏威很早就有才名,但是一直没被朝廷重用。杨坚在做北周丞相时,高大将军曾屡次推荐苏威,陈述苏威的才能。杨坚把苏威召来后,引到卧室内交谈,两个人谈得很投机。后来苏威听说杨坚要废周立隋,自己要称帝,就逃回到家里,闭门不出。高大将军要追他回来,杨坚说:"他现在不想参与我的事,先让他去吧。"

杨坚即皇帝位后,苏威又出来辅佐他,杨坚不计前嫌,授苏威为太子少保,追赠苏威的父亲为都国公,让苏威承继父爵,不久又让苏威兼任纳言、民部尚书两职。苏威上书推辞,杨坚下诏说:"大船承载重,骏马奔驰远。你兼有多人的才能,不要推辞,多干事情吧。"由此可见杨坚对苏威的信任。

苏威曾主张减免赋税,杨坚听从了他的主张,这一政策深为百姓喜欢,因此苏威也更受杨坚的宠信。杨坚让苏威与高大将军一起参掌朝政,苏威见宫中帘幕的钩子都是用银子做的,就主张换用其他材料,要节俭从事,受到杨坚的赞赏。有一次,杨坚对一个人发怒,要杀那个人,苏威进谏,杨坚非但不听,反而更加生气。过了一会儿,杨坚的怒气消了,对他的进谏表示感谢,并说:"你能做到这样,我确实没看错人。"

当时的治书侍御史梁毗因为苏威身兼五职,并没有举荐其他人的意思,就上书弹劾苏威。杨坚对他说:"苏威虽然身兼五职,但始终孜孜不倦,志向远大。而且职务有空缺时才能推举别人,现在苏威很称职,你为什么要弹劾他引荐别人呢?"一次,杨坚还对朝臣说:"苏威遇不到我,就不能实行他的主张;我得不到苏威,就不能行大道。杨素舌辩之才当世无双,至于斟酌古今、审时度势、帮助我治理国家方面,他却比不上苏威。"

开皇十二年(公元592年),有人告发苏威和主持科举考试的官员结为朋党,任用私人。杨坚让蜀王杨秀审察这件事,结果是确有其事。杨坚指出《宋书·谢晦传》中涉及朋党故事的地方,让苏威阅读。苏威很害怕,免冠谢罪。杨坚说:"你现在谢罪已经太迟了。"于是免去了苏威的官职。

后来有一次议事的时候,杨坚又想起了苏威,他对群臣说:"有些人总是说苏威假装清廉,实际上家中金玉很多,这是虚妄之言。苏威这个人,只不过性情有点乖戾,把握不住世事的要害,过于追求名利,别人服从自己就很高兴,违逆自己就很生气,这是他最大的毛病,别的倒没什么。"群臣们也都同意,于是杨坚又重新起用了苏威。苏威果然不负众望,对隋朝忠心耿耿,竭尽职守,一直到死。

人生箴言

好名好利,均为失德。

——俞文豹《吹剑录》。

成长启示

不论追求虚名还是私利,都是失德的。

快乐与金钱

　　清朝山西太原有一个商人,生意做得很大,家里很有钱。他天天从早晨打算盘熬到深更半夜,累得他腰酸背痛,头晕眼花。夜晚上床后又想着明天的生意,一想到成堆的白花花的银子就兴奋激动。这样,白天忙得不能睡觉,夜晚又兴奋得睡不着觉。久而久之,这老头患上了严重的失眠症,银子再多也没办法买一夜深沉的睡眠。他虽然很有钱,但是对地方上的事情漠不关心,既不愿出钱更不愿出力,在地方上口碑很差。

　　他隔壁住着一户靠做豆腐维持生计的小两口,每天清早起来磨豆、点浆、做豆腐,说说笑笑,快快活活,甜甜蜜蜜。墙这边富老头在床上翻来覆去,摇头叹气,对这对穷夫妻又羡慕又嫉妒。他的夫人也说:"老爷,我们这么多银子有什么用,整天又累又担心,还不如隔壁那对穷夫妻活得开心。"

　　老头早就认识到自己还不如穷邻居生活得轻松洒脱,等他夫人话一说完就说:"他们因为穷才这样开心,一旦富起来,他们就开心不起来了,你看吧! 我很快就让他们笑不起来。"说着翻下床去,从钱柜里抓了几把金子和银子,扔到邻居豆腐房的院子里。那夫妻俩正在边唱歌边磨豆腐,忽然听到院子里"扑通""扑通"地响,提灯一照,只见满地是金光闪闪的金子和白花花的银子。两口子惊呆了,他们怎么也想不到这些金银是隔壁的富老头扔过来的,天下哪有这样的事呢? 都以为是上天送来的横财。他们连忙放下豆子,慌手慌脚地把金银捡起来。他们从来没有见过这么多的金银,这些财宝该怎么处置呢? 夫妻俩商量了一夜。

第二天早上,老头没有听到歌声,他得意洋洋地对夫人说:"怎么样,他们不唱歌了吧,他们已经尝到富有的滋味了。"这天中午,豆腐房的旁边支起了一个凉棚,凉棚下面摆满了各种各样好吃的,很多无家可归的乞丐都在这里饱餐了一顿。他们对这对小夫妻感激不尽,纷纷问他们哪来的钱买这些好吃的,小夫妻一五一十地把昨晚的事情告诉他们。他们都说这对小夫妻心眼儿好,不贪财,将来一定长命百岁。这个情形让闻讯而来的富老头看得目瞪口呆。

后来,这对小夫妻依然每天清早起来磨豆、点浆、做豆腐,说说笑笑,甜甜蜜蜜,每天唱着快乐的歌。

人生箴言

迷于利欲者,如醉酒之人,人不堪其丑,而己不觉也。
——《薛暄全集·读书录》卷八。

成长启示

沉迷于利欲的人,就像喝醉了酒的人,别人不能忍受他的丑态,而自己却觉察不到。

金箱银箱木头箱

很久很久以前,有一家人家,父母都死了,兄弟三人带着一个小妹妹过日子。有一年,三兄弟种地的时候,看见一个白胡子老头,老头告诉他们说:"马上就要发大水了,你们快逃走吧!"这白胡子老头是个神仙,三兄弟就求神仙保佑他们。老头说:"好吧,我答应救你们,但是,真正能救你们的,只有你们自己。我现在给你们三只箱子,一只是金的,一只是银的,一只是木头的,你们就躲在箱子里,但是,箱子只有三只,你们还有一个小妹妹,你们当中,谁愿意带着小妹妹?"

大哥说:"我个子大,带不了她。"

二哥说:"我太重了,带不动她。"

弟弟说:"我愿意带她。"

老头用拐杖在地上点了三下,地里立刻冒出三只大箱子。大哥贪心,要了那只金箱子;二哥贪心,要了那只银箱子;剩下的木头箱子给了弟弟和妹妹。

老头又给了每人一只鸡蛋,叫他们夹在胳肢窝里,对他们说:"什么时候听见小鸡叫,什么时候就可以揭开箱子盖。"说完,叫他们躲进箱子。他们刚关上箱子盖,洪水就来了。

三只箱子在洪水里漂呀,漂呀,整整漂了七天七夜。大哥胳肢窝里的蛋壳破了,小鸡在叫,他便把金箱子的盖打开。小鸡被风一吹,变成了一只金色的母鸡。金母鸡对大哥说:"我每天生一个金蛋。生一个蛋,洪水就会退下去一尺,生到第十个蛋时,洪水就全部退下去了,这样,你就得救了。但是,金箱子本来就很重,多一个金蛋,就会增加十斤的重量,当生到第九个金蛋时,箱子就会沉下去。所以,你至少要先扔掉一个金蛋。只有这样,才能得救……"说完,"咯,咯,咯……"金母鸡生了一个金蛋。

大哥看见金光闪闪的金蛋欢喜得不得了,心想:"才第一个金蛋,没关系,箱子不会沉的。"他把金蛋抱在怀里,舍不得到水里去。第二天,第三天……都是这样。到了第九天,大哥看着怀里九个金光闪闪的金蛋,心想:"九个金蛋增加了九十斤,箱子并没有沉下去,再增加一个金蛋,也不过添了十斤的分量,箱子就会沉下去吗?"到了第九天的半夜,他还是舍不得扔掉一个金蛋。"哈哈!我要发大财了!"就这样,他睡着了,做起了美梦。

第十天清晨,天还没有亮,金母鸡生下了第十个金蛋就飞走了。金母鸡刚飞走,箱子就沉了下去。大哥的美梦还没有做醒,就淹死了。

二哥的蛋里是一只银母鸡。银母鸡对二哥说:"我每天生十个银蛋。生十个蛋,洪水就会退下去一尺,生到第一百个蛋时,洪水就全部退下去了,这样,你就得救了。但是,箱子很小,装下你和我这只银母鸡后,就装不下一百个银蛋了。所以,当我生到九十个银蛋时,你无论如何要把再生下来的蛋扔到水里去。只有这样,箱子才不会翻掉。"说完,"咯,咯,咯……"银母鸡连着生了十个银蛋。

二哥看见银光闪闪的银蛋欢喜得不得了,心想:"才第十个银蛋,没关系,箱子不会沉的。"他把银蛋抱在怀里,舍不得扔到水里去。第二天,第三天……都是这样。到了第九天,银蛋在箱子里堆得满满的,二哥连伸脚的地方都没有,他只能坐在银蛋上面。箱子在水里摇摇晃晃的,危险极了。望着脚下十个银光闪闪的银蛋,二哥心想:"九十个银蛋放在箱子里,箱子并没有翻掉,再增加十个银蛋,箱子就会翻掉吗?"到了第九天半夜,他还是舍不得扔掉一个银蛋。"哈哈!我要变成富翁啦!我可以做一个银器店老板了!"就这样,他睡着了,做起了美梦。

第十天清晨,天还没有亮,银母鸡生下最后十个银蛋就飞走了。银母鸡刚飞走,箱子就翻了个身。二哥的美梦还没有做醒就掉到了河里,二哥也死了。

小兄弟的鸡蛋里面钻出来的是一只普通的母鸡,每天生几只普通的鸡蛋,兄妹俩肚子饿的时候就吃鸡蛋。木头箱子是不会沉到水里去的,兄妹俩也没有遇到什么麻烦。

十天之后,洪水退掉了,兄妹俩回到了村子里,过着普通而平静的生活。

人生箴言

利令智昏。

——《史记·平原君虞卿列传》。

成长启示

私利与权令可以使人丧失正常的智慧。

隆中对

诸葛亮(公元 181～234 年),字孔明,东汉琅邪郡阳都(今山东沂水南)人。他的远祖诸葛丰,官至司隶校尉。后来他祖上家境衰落。兴平元年(公元 194 年),诸葛亮的叔父诸葛玄被任命为豫章(今江西南昌)的地方官。十四岁的诸葛亮带着幼弟随同叔父来到豫章。可是不久,诸葛玄弃官别走,带着诸葛亮兄弟投靠了荆州的刘表。

叔父死后,诸葛亮不愿寄人篱下,建安二年(公元 197 年)来到荆州襄阳(今湖北襄阳)的隆中地方居住。建安十七年(公元 207 年),刘备三顾茅庐,在隆中会见了诸葛亮,向他请教治国平天下的大计。诸葛亮被刘备礼贤下士的作风感动了,详尽地分析了天下形势,把自己早已考虑好的计划和盘托出。

他说:"自从董卓作乱以来,四方豪杰同时起事,跨州连郡,称雄一方不可胜数。曹操和袁绍比起来,名望较小,人马又少,然而曹操竟能击败袁绍,转弱为强,这不仅靠时机,也有赖于人的计谋。现在曹操已经拥有百万大军,挟制着皇帝,以皇帝的名义发号施令,孙权割据长江下游一带,已历经三代。那里地势险要,民众依附,有才能的人肯为他出力,我们只能和他相互支援,而不可进攻他。荆州北据汉水、沔水,向南直到海边的物资都可被它利用,其地东连吴郡、会稽,西通巴郡、蜀郡,这里是用兵的好地方。可是,它的主人刘表却没有能力守住它,这大概是老天要把这块地方留给将军,不知将军您是否有这个意图？益州形势险要,易于防守,沃野千里,是名副其实的天府之国,汉高祖刘邦就是利用它建立起汉朝基业的。而据守益州的刘璋昏庸软弱,北边的张鲁同他也有矛盾。益州虽有众多的人口和富饶的资源,可是刘璋不懂得爱惜民力,那里的智能之士希望得到一个贤明的君主。将军您是汉朝皇室后裔,国人都知道您讲信义,正在广招天下英才,思贤若渴。如果您能够占据荆、益二州,守住天险,跟西方的少数民族建立友谊,对南方的少数民族实行安抚政策,对外与孙权结成同盟,对内励精图治,修明政治。天下一旦有什么变故,就派一员大将率领荆州的兵马直取南阳、洛阳,您则亲自统率益州的兵马出师秦川(今陕、甘一带),进取长安,老百姓怎能不送食送水欢迎您呢？如果真能做到这样,就可以建立霸业,复兴汉朝的天下了。"

人生箴言

> 天能生物,不能辨物,地能载人,不能治人。
>
> ——《荀子·礼论》。

成长启示

> 天能滋生万物,但不能分辨万物;地能供人生息,但不能主宰人。

陆游乐贫

陆游(公元 1125～1210 年),南宋大诗人,字务观,号放翁,山阴(浙江绍兴)人。

陆游少时便以才气名冠朝野,无奈时运不济,屡受排挤。陆游并不在乎被免官,回到家乡山阴,他以"风月轩"命名自己的书房,以讽喻宋朝皇家的俗庸。

陆游一家和当地的农民一样,每天日出而作,日落而息,住的是小平房,吃的是蔬菜杂粮,过着贫苦的生活——有时一年竟不尝肉味。

陆游刚回乡的时候,村里人都以为他当了四十多年官,必定有万贯家产。日子久了,才知道他只有万卷书,别无他物。见他七十多岁了,还下田干活,日子过得艰难,有时会送些米送条鱼给他,但都被他婉言劝回。

一年又一年,除了七十九岁那年又到临安做史官,陆游在村里住了将近二十年。这一年,他已经八十五岁了,觉得身体越来越虚弱,他知道自己在世的日子不长了。一天,他把儿孙们叫到身边说:"我一向不愿对别人诉说自己的贫穷,所以知道的人很少。现在,我活在世上的日子不多了。我死后,连买棺材的钱也没有。你们千万不要去麻烦亲戚朋友,只要将我入土就成。更不能以我为借口向别人借钱,以作他用。"儿孙们流着泪连连点头答应了老人。1204 年,正在山阴任知府兼浙东安抚使的辛弃疾来三山村看望陆游。他以为八十岁的老人一定坐在家里看看书写写诗享清福呢,却不料在进村的田地中碰见了披蓑携锄的陆游,真是大吃一惊。两人相携着到了陆游的家,只见几间破平房,屋里没有任何摆设,只有一屋子的书。

没几日,陆游就告别了人世。他留给子孙的财产只有破屋几间、老牛一头,"破屋已斜犹可住,老牛虽痔尚能耕"。

人生箴言

知人则哲。

——《尚书·皋陶漠》。

成长启示

善于了解别人,就会很明智。

曾国藩的"失礼"

曾国藩带湘军围剿太平天国之时,清廷对其是一种极为复杂的态度:不用这个人吧,太平天国声势浩大,无人能敌;用吧,一则是汉人手握重兵,二则曾国藩的湘军是曾一手建立的子弟兵,又怕对自己形成威胁。在这种指导思想下,清廷对曾国藩的任用上经常是用你办事,不给高位实权。苦恼的曾国藩急需朝中重臣为自己撑腰说话,以消除清廷的疑虑。

忽一日,曾国藩在军中得到胡林翼转来的肃顺的密函,得知这位精明干练的顾命大臣在西太后面前荐自己出任两江总督。曾国藩大喜过望。咸丰帝刚去世,太子年幼,顾命大臣虽说有数人之多,但实际上是肃顺独揽权柄,有他为自己说话,再好不过了。

曾国藩提笔想给肃顺写封信表示感谢,但只写了几句,他就停下了。他知道肃顺为人刚愎自用,很有些目空一切的味道,用今天的话来说,就是有才气也有脾气。他又想起西太后,这个女人现在虽没有什么动静,但绝非常人,以曾国藩多年的阅人经验来看,西太后心志极高,且权力欲强,又极富心机。肃顺这种专权的做法能持续多久呢?西太后会同肃顺合得来吗?

思前想后,曾国藩没有写这封信。

后来,肃顺被西太后抄家问斩。在众多官员讨好肃顺的信件中,独无曾国藩的只言片语。

人生箴言

不可以一时之誉,断其为君子;不可以一时之毁,断其为小人。

——冯梦龙《警世通言·拗相公饮恨半山堂》。

成长启示

不能凭借一时的赞誉,就断定某人是君子;也不能因一时的诋毁,就断定某人是小人。

近代佛学研究之新风

如果说杨仁山为近代佛学的重新崛起奠定了基础,那么,其弟子欧阳竟无则为近代佛学研究开创了一代新风,使佛学研究有了近代学术的色彩。

欧阳竟无(1871－1943年),名渐,江西宜黄人,人称"宜黄大师",其父曾任清农部尚书。欧阳自幼习儒学,1890年考中秀才,后进南昌"经训书院"攻读传统典籍,兼修天文、数学。然而,他的生活是不幸的:六岁丧父,又是庶出,自幼受尽歧视;生母长年患病,他自己也身体羸弱,几度大病濒死。因此,他在致力于功名的同时,一直对"生死大事"耿耿于怀。于是,他开始翻阅佛教经典。1904年,他第一次到南京谒见杨仁山,从此拜杨为师学习佛学。1906年,他因母亲病故而悲痛欲绝,把主要精力用于佛学。第二年,他第二次赴南京跟随杨仁山漫游。在他39岁那年,一场大病差点夺去了他的生命。经过多次生死痛苦的煎熬,欧阳大彻大悟,决定为佛法献身。于是,1910年他第三次到南京谒见杨仁山,跟随其左右研究佛学。翌年,杨仁山病逝,欧阳承其遗志经营金陵刻经处。

欧阳不仅因"病魔"、"生死不了之事"的痛苦体验而由儒转佛,而且随着这种体验的升华不断加深对佛学的理解:他因女儿死"痛彻于心脾"而钻研《瑜伽》;因子、友死而习《般若》;因姐、友死而治《智论》、《涅槃》。所以,欧阳对佛学的研究深深地渗透着个人的亲身体悟。

　　当然,欧阳对于佛学研究的杰出贡献,主要是他将佛学研究朝着近代学术研究的方向推进了一大步。这主要表现在以下几个方面。

　　首先,欧阳把佛学研究人才的培养纳入学校教育。1918年,欧阳在金陵刻经处研究部设支那内学院筹备处(因古印度称中国为"支那",佛教自称为"内学",故名)。经过四年的奔波张罗,1922年7月支那内学院在南京公园路正式成立,欧阳自任院长。由此开创了用近代的学校教育制度培养佛学研究人才的途径。在主持支那内学院院务期间,欧阳一方面加强院务管理,亲自撰写了近万字的《内院训释》,把"师、悲、教、戒"作为"院训",并逐一进行阐释,以使学生明确自己的职责;另一方面,积极开展学术活动,主持间月召开的学术讨论会,编辑《内学》杂志,并在1922年秋公开讲学,听者甚众,吕澂、汤用彤、梁启超、梁漱溟、黄树因等这些后来佛学研究成绩卓著者,都入室执弟子礼。为了使佛学教育有较好的固定的教材,欧阳编辑《藏要》三辑,共50余种,300多卷。《藏要》在佛经校勘方面也表现出注重与原梵文本对勘的新方法。

　　其次,受到近代科学方法的影响,欧阳竟无非常重视佛学的研究方法,为此他曾专门撰写了《今日佛法研究》、《谈内学的研究》等论文,提出了"内学为结论后之研究,外学则研究而不得结论者"的观点,即认为佛学研究和其他学问(外学)研究的根本不同点在于佛学研究是结论在先,论证在后;佛教的一切教义都是不容怀疑的绝对真理,研究者的任务,无非是用种种解析方法,去证明这一结论的真理性。欧阳所倡导的这种研究方法,今天看来似乎很奇怪,实际上这种方法既是佛教惯用的解经方法,也是中国儒学传统的注经方法,欧阳只不过是用"结论后之研究"这样更为准确的语言加以概括而已。并且这种方法从总体上看,也是不正确的,是一种独断论方法。但是,也必须看到,欧阳在具体运用这一方法时,却提出了一些卓见。比如,他曾提出,在佛学研究上有四忌:一忌望文生义,二忌裂古刻新,三忌蛮强会违,四忌模糊真伪。他还曾提出,佛学研究要注意两件事:一是"须明递嬗之理",即弄清佛教在释迦牟尼创立之后是不断发展的过程,其间经历了"二十部小乘兴净"、"龙树破小"、"无著详大"等过程;传到中国后,又经"荟萃",形成"各家学说,皆得会通"的局面。二是"须知正期之事",即在"整理旧有"时要"简别真别"、"考订散乱";在"发展新资(料)"时,要"借助藏文"和"广采时贤论"。他的这些观点,直到今天,对我们研究文化史,特别是佛教史也有一定的积极意义。

再次,欧阳竟无表现出将佛教作为一种学术理论加以分析的近代意识。他虽是虔诚的佛教徒,但与杨仁山的信仰主义有所不同,他除了以自身遭遇体悟佛学真谛之外,偏重于对佛教作学理上的研究。因而其名言是:"佛法非宗教非哲学"。他说:"宗教哲学二字,原系西洋名词,译过中国来,勉强比附在佛法上面,但彼二者(宗教、哲学),意义既各殊,范围又极隘,如何能包含得此最广大的佛法。正名定辞,所以宗教、哲学二名都用不着,佛法就是佛法,佛法就称佛法","佛法非宗教非哲学"。

欧阳还进一步具体分析了"佛法非宗教非哲学"的原因。他认为"佛法非宗教",是因为佛法与其他宗教有四个方面的不同:"第一,凡宗教皆崇仰一神或多神及其开创彼教之教主,此之神与教主号为神圣不可侵犯，而有无上权威能主宰赏罚一切人物，人但当依赖他。而佛法则否。""第二，凡一切宗教必有其所守之圣经，此之圣经但当信任不许讨论，一以自固其教义，一以把持人之信心。而在佛法则又异此。""三者，凡一宗教家，必有其必守之信条与必守之戒约，信条、戒约即其立教之根本，此而若犯，其教乃不成。其在佛法则又异此。""四者，凡宗教家类必有其宗教式之信仰。宗教式之信仰为何？纯粹感情的服从，而不容一毫理性之批判者是也。佛法异此?"因此，他认为宗教与佛法，"二者之辨皎若白黑"，宗教是不能与佛法相提并论的。

至于"佛法"为何"非哲学"，欧阳认为，哲学与佛法在内容上有三个方面是对立的。"第一，哲学家唯一之要求在求真理，所谓真理者，执定必有一个甚么东西为一切事物之究竟本质，及一切事物之所从来者是也。""二者，哲学之所探讨即知识问题，所谓知识之起源，知识之效力，知识本质，认识论中种种主张皆不出计度分别。佛法则不然。""三者，哲学家之所探讨为对于宇宙之说明，在昔则有唯物唯心一元二元论，后复有原子电子论，在今科学进步相对论生，始知宇宙非实物，不但昔之玄学家之唯心论、一元论无存在之理由，即物质存在论亦复难以成立。"因此佛法非哲学。

欧阳竟无"佛法非宗教非哲学"的观点是不符合佛教实际的，因为事实上佛教既是一种宗教，也有它自己的哲学。但是他在论证这一观点的过程中，或多或少地看到了佛法作为一种独特的宗教和哲学，与其他宗教和哲学是有区别的；并且比较深刻地揭露和批评了其他宗教的神学本质和虚伪性，也揭露和批评了哲学史上的某些唯心主义哲学家。表露了一些无神论的思想，从而使他对佛教的虔信少了迷信、盲从,多了理智的分析。

第四,欧阳竟无开创了近代佛学注重研究法相唯识学的学术方向。法相唯识学在近代以前相当长的历史时期内受到冷落。近代佛学的复兴,在某种意义上是唯识学的复兴。这在杨仁山那里已初露端倪,欧阳则将其端倪明朗化了。他提出了一个著名的观点:"法相、唯识非一",反对了以往视法相、唯识为一体的看法。他以印度瑜伽行派发展的历史为线索,认为先立法相,后创唯识。并且认为,从典籍上看,《集论》主要详述法相,而《摄大乘论》则重在阐扬唯识。因此,法相、唯识是两宗,它们各有所源,各有所本。这个观点在当时并没有为大多数佛教学者所接受,后来赞成的也不很多。直至现在,人们普遍认为法相和唯识是一门学问,就重视分析方法而言,称之为法相;就其主张万法唯识而言,称之为唯识。因此,欧阳的这个观点对后世的影响不大。但重要的是他注重唯识学研究的学术方向对后世有着巨大的影响。

欧阳竟无是一位坚定的爱国主义者。"九一八"事变后,他为抗日救亡奔走呼号。1943 年 2 月 23 日,欧阳竟无因肺病逝于四川省江津内院。他的著作多在搬迁中散失,晚年手订所存者有《竟无内外学》,共 26 种,30 余卷,由蜀院刊印。

ᨺᨺ 人生箴言

人或毁己,当退而求之于身。若己有可毁之行,则彼言当矣;若己无可毁之行,则彼言妄矣。当则无怨于彼,妄则无害于身,又何反报焉? ……谚曰:"救寒莫如重裘,止谤莫如自修。"
　　　　　　　　——陈寿《三国志·魏书·王粲传》。

🕊 **成长启示**

> 知道有人诋毁自己,应当回去好好自我反省。如果自身真是有可以让别人诋毁的地方,这些所谓的"诋毁"就是恰当的;如果自身没有让别人诋毁的地方,那么这些话就是虚假错误的。这些话如果是恰当的,就用不着怨恨他了;这些话如果是虚假错误的,那也不会妨害到自身,又何必要报复呢?谚语说:"抵挡寒冷最重要的是厚厚的裘皮衣服,制止诽谤最重要的是自我修养。"

有学问的章太炎

在中国近代思想史上,有一位被鲁迅誉为"有学问的革命家"的人,他就是章太炎。

章太炎(1869~1936年),初名学乘,后改名炳麟,字枚叔,因仰慕明清之际思想家顾炎武,又更名绛(顾初名绛),号太炎,浙江余杭人。章太炎幼年时的启蒙老师,是其外祖父。这位国学根柢深厚又富有民族主义思想的老先生,不仅教章太炎读传统典籍,而且常给他讲历代民族英雄的故事。1890年,章太炎来到杭州西湖畔的诂经精舍,师从著名汉学家俞樾。在诂经精舍的七年学习期间,章太炎成了江浙一带颇为有名的经学家。1894年甲午战争后,康有为等领导的变法维新运动形成高潮。章太炎受此影响,走出书斋,投身变法维新运动。他来到上海,宣传变法维新。戊戌变法是短命的,但它使章太炎受到了深刻的思想启蒙。戊戌变法失败后,章太炎两次东渡日本,思想上发生了重大的变化。1899年5月的第一次日本之行回国后,章太炎倡言革命排满,与康有为等改良派决裂。1902年的第二次日本之行,接受孙中山的民主革命主张,成为革命党人。通过这两次日本之行,章太炎把自己接受的两方近代人文科学和自然科学与中国传统思想结合,形成了独具特色的革命进化论驳斥了改良派。公理未明,旧俗俱在,"不可革命"的论调,明确指出"公理未明,即以革命明之;旧俗俱在,即以革命去之。革命非天雄大黄之猛剂,而实补泻兼备之良药。"从理论上较深刻地论证了革命在人类进化中的作用。并认为通过革命,人们能够掌握世界进化的公理,破除旧世界,建立新世界。从这种"革命"立场出发,章太炎提出了"竞争生智慧,革命开民智"的包含着实践观点萌芽的认识论命题。他说:"人心之智慧,自竞争而后发生,今日之民智,不必恃他事以开之,而但恃革命以开之。"强调人的智慧随革命活动而增长,认识依赖于实践,并随着实践而提高。以此为基础,在知行关系上,章太炎批评了知先于行的先验论,认为"必至之涂,知在行后",先行后知;而当一旦在行的基础上获得知识,变为自觉、自由的行动,则是"自由之境,知在行先"。包含了在重视行的前提下辩证看待知行关系的合理成分。在认识来源上,章太炎多次引证英国近代经验论哲学家洛克的"白板说",反对"生而知之"的先验论,认为人对世界的认识必须通过感官与外物的接触而获得,同时他也看到了感官获得的认识是有局限性的,需要进一步提高到理性阶段。但是,章太炎并没有能够立足于实践来说明感性和理性的辩证统一性,而是既片面夸大感性的局限,又片面夸大了理性的作用而走向了先验论。

1903年"苏报案"发生后,章太炎被捕入狱。1906年出狱后,第三次东渡日本,主编革命党人的机关报《民报》。在这段期间,他的思想发生了明显的变化。在这之前,他的思想是以进化论为主干的。而在这时,他以"俱分进化论"来批评和修正进化论。第三次东渡日本,他接触了更多的西方文化,对于资本主义社会的现状有了进一步的认识:资本主义制度带来了社会进步,同时也带来了新的矛盾和罪恶。因而他认为历史是在进化的,但其进化的社会效应却需要具体分析,"若以道德言,则善亦进化,恶亦进化;若以生计言,则乐亦进化,苦亦进化。双方并进,如影之随形,如罔两之逐影"。就是说,随着工业文明的进化,人类为善的能力愈大,为恶的能力也愈大;求幸福的本领增长了,造苦难的本领也增长了。这表现了他洞察现代文明造成人类异化的深刻性,同时也表现了他对中国如何避免重蹈西方现代文明复辙不知所措的苦恼。

章太炎原先的进化论强调进化依赖于意志的力量,带有唯意志论的色彩。在他批评进化论之后,就更加倾向于唯意志论:以人的意志、愿望为一切是非的最终标准,认为社会生活应当"使万物各从其所好"。于是,章太炎就提出了具有浓厚的唯意志论色彩的"依自不依他"的学说。这一学说是和他吸取佛教、康德、叔本华、尼采的思想相联系的。他认为佛教思想的精粹之一,就在于不尊天敬鬼而自贵其心。因此,他认为佛教不崇拜上帝、鬼神之类超自然物,而是依靠自我的"心力"。他主张建立一种类似佛教符合依自不依他的要求的宗教,以这样的宗教来鼓舞革命者凭借意志力来坚持革命的信念。他的依自不依他还强调自我的意志自由是不受功利欲望支配的,前者一旦为后者所拖累,就不能"自尊无畏",就不能像尼采的超人那样,"排除生死,旁若无人,布衣麻鞋,径行独径"。这就是要求以意志自由为道德责任的前提,培养不计富贵利禄的"革命道德"。因而他说:"所以维持道德者,纯在依自,不在依他"。章太炎的依自不依他也突出了自我意志的执著性和坚韧性。他多次指出中国人的劣根性之一,是缺乏坚定不移意志,因而不能执著地一以贯之地去实行业径选择的目标。这里的现实意义在于要求革命党人依靠意志的力量始终如一地坚守革命原则。

可见,章太炎依自不依他的学说,是突出了革命意志的作用。所以,这一学说和他原先包含革命观念的历史进化论及强调革命行动的认识论是有着内在联系的。

章太炎依据西方近代自然科学知识来看待宇宙和自然界的进化,认为苍苍之天,"内蒙于空气,外蒙于阿屯"(原子),并批评了谭嗣同将"以太"与孔子的仁、佛教的性海相比附,指出万物均由原子构成,而原子又是有形体、可以度量的实体。整个自然界都由原子构成,从无机物进化到有机物,不断演化发展。

章太炎比较多地用拉马克"用进废退"的观点来解释生物进化的原因,强调自然环境的改变会引起生物的变化。并由此引申出历史进化的动力是意志和思想,认为物种进化有赖于发挥意志的力量,人的发展则要靠智力。人如果"怠用其智力",也会退化。章太炎试图通过强调意志力量,激发民族的自强意识,挽救民族危亡。但把意志归结为历史的动力,将导致唯意志论。当然,章太炎也看到人类进化和动物进化的不同,认为"人之相竞也,以器。"人类进化的特点是用工具和武器进行竞争。章太炎还认为,人能战胜动物,在于"合群",并且用工具的创造和使用来说明"群"与"礼"的起源,包含着由进化论向唯物史观发展的思想萌芽。

章太炎贯穿着把学术与革命紧紧联系在一起的精神。这就鲜明地表现出章太炎作为"有学问的革命家"即集学者与革命家二任于一身的特点。他自己在回顾一生的思想道路时,也道出了这一特点:"自揣平生学术,始则转俗成真,终乃回真向俗"。所谓"转俗成真",即从世俗社会的实际出发,研究学术问题,从理论的高度把握真理;所谓"回真向俗",即把握了理论上的真理之后,更应用以指导解决社会的实际问题。

作为革命家,章人炎宣传民主革命,驳斥改良派堡垒论调的战斗文章,如鲁迅所说"所向披靡,令人神往";更令人敬佩的,亦如鲁迅所赞许的:其一生"七被追捕,三入牢狱,而革命之志,终不屈挠者,并世亦无第二人"。作为学者,章太炎学贯中西。他精通中国传统学术,如史学、文学、诸子学、小学、佛学,并矢志弘扬"国粹"即中国优秀的文化传统,反对盲目崇拜西方文化的"欧化主义"。同时,他广泛汲取西方文化,上至古希腊下至20世纪初的西方思想流派,几乎无不涉及。正是在熔铸古今、荟萃中西的基础上,他构筑起自己的服务于民主革命的思想体系。

但是,在辛亥革命之后,在章太炎身上革命家和学者开始分离了。这也如鲁迅所评论的:先生虽先前也以革命家现身,后来却退居于宁静的学者,"用自己所手造的和别人所帮助造的墙,和时代隔绝了"。"五四"运动后,他渐入颓唐,反对新文化运动和孙中山"联俄、联共、扶助农工"的三大政策,宣传"尊孔读经"。但他始终是爱国者,"九一八"事变后,他主张抗日救国,并留下了掷地有声的遗言:"如有异族入主中夏,世世子孙勿食其官禄!"1936年6月14日上午,章太炎因病在苏州寓所去世。他的论著被编为《章氏丛书》、《续编》、《补编》、《三编》。但收录不全,上海人民出版社遂于1982年开始出版《章太炎全集》。

人生箴言

善誉人者,人誉之;善毁人者,人毁之。

——邓牧《伯牙琴·名说》。

成长启示

经常赞美别人的人,别人也会赞美他;经常诋毁别人的人,别人也会诋毁他。

第三章
快乐的产生是因为心灵的淡然

人们总是希望能够快乐,但很少有人知道如何才能快乐。清代大思想家王夫之先生"六然"养心诀,恰是拥有快乐的良方。

"自处超然",就是自处时超逸洒脱。这是人生的一种至高境界。自处难,难在抵不住孤独;超然更难,难在不会享受孤独。要能够消除寂寞,享受孤独,关键就是你必须欣赏自己,能够和自己快乐地和平相处。只有学会享受孤独,才能真正在自处中始终保持积极健康的心态,让心灵充分舒展,做到超逸洒脱,乐由心生。

"处人蔼然",就是待人和气、和善、和蔼,让人感到可亲可近。这是发自内心的一种人品气质,是保持良好人际关系的一种基本准则。尽管简单。但并非人人都能做到。现实生活中,有人总是盛气凌人,心高气傲,让人难以接近;也有人总是冷漠无情,心灰脸寒,让人无法接受。只有心存善良、心平气和、心胸宽阔之人,方能做到蔼然处人、坦诚待人、平易近人。心中有佛,佛便在焉;与人为善,终善乐自己。

"无事澄然",就是没事做时,心中与有事做时不仅一样踏实,而且更加清静怡然。

　　整日忙忙碌碌，生活很充实，但也不乏疲惫；无事可做，却是一种极好的身心调整过程与休闲方式。坦然地面对无事的生活，在有风或无风的日子里，做到不急不躁，不气不馁，不杞人忧天，更不惹是生非，就能始终坚守宁静安然、清朗明净的心灵阵地。

　　"处事断然"，就是处理事情干练利索，果断坚决，当断则断，不优柔寡断，不拖泥带水。这是一个人良好生存心态的具体体现，断然处事的风格，源自一个人良好的心态和气质；而处事断然，又有利于人们始终保持富有激情和乐观向上的生存心态。

　　"得意淡然"，就是当你取得成功或收获时，也就是春风得意、心想事成时，不要忘乎所以，不要太高兴，要把这一切看得淡一些，不做功利主义的奴隶。这是一个人最难能可贵的人品修养。要做到得意淡然，必须学会满足，只有知足才能常乐。

　　"失意泰然"，就是当你遇到挫折或失败时，仍然保持败不馁、气不泄的平和心态和大将风度。这是完美人生的绝妙之笔。要做到失意泰然，必须心胸宽广，豁达大度，能放得开、抛得下，"不以物喜，不以己悲"，那就是让你回归"自然"。保持平常人的心态，努力把握好生命中的每一刻，全身心地投入到每一件事情中，深刻地体会生活中的各种感受，你就会有发自内心的快乐。

　　物极必反，事物往往是在走到极端的时候，开始向其反面转化。果实在最成熟的时候便将走向腐烂，气候在最冷的时候便将转暖，人在最有魅力的时候便将通向衰老。深深地了解这种情形，有助于保持清醒的头脑。

——读书札记

新思想界的梁启超

在 20 世纪初众多的近代中国启蒙思想家中,最能用常带感情之生花妙笔鼓动民众,挣脱传统封建思想束缚的,就是自称为"新思想界之陈涉"的梁启超。

梁启超(1873～1929 年),字卓如,号任公,广东新会人。一生参与了多次重大历史事件,是著名的资产阶级政治活动家、思想家。戊戌变法失败后,梁启超流亡海外。1901 年,他满怀爱国热情地写下了《自励》诗二首。诗中说:"誓起民权移旧俗,更研哲理牖新知。"这可说是他对自己在本世纪初发挥了"新思想界之陈涉"的历史作用的最好概括。

为什么要"誓起民权"?这是基于对民权的理性认识。梁启超逃亡日本后,先后发刊《清议报》和《新民丛报》,热情地介绍了西方资产阶级社会政治学说,猛烈地批判了中国的专制制度,称《清议报》以"倡民权"为"独一无二之宗旨"。他明确地将"民权"与救亡图存结合起来,指出:"国者何? 积民而成也,国政者何? 民自治其事也;爱国者何? 国自爱其身也。故民权兴则国权立,民权灭则国权亡……故言爱国必自兴民权始"。民权是所有救国大政中的关键所在,国家的军事、经济等都与此紧密相关。从反面来说,不兴民权,继续实行专制统治会是什么结果呢? 只能导致中国的积贫积弱和丧权辱国。因为专制统治是以驯、鈐、役、监为政术特征的。"驯"是指千方百计地戕害人们的本性,培养奴性,实行愚民政策;

"鉚"是指以名利笼络士人,以转移人们的注意力而练天下贴然。"役"是指驱使官吏为自己服务,绳之以格,窒磨其智慧。暮气把官吏都变成只会说话不会思考的工具,个个宛如奴隶木偶;"监"是监视民众——养兵以防止人民造反,设官以培训监民工具;尊六艺、禁集会等是为了限制人民的思想和言论自由。中国的积弱是由专制所致。"使我数辈以来历史以脓血充塞者谁乎?专制政体也;使我数万里土地为虎狼窟穴者谁乎?专制政体也;使我数百兆人民像地狱过活者谁乎?专制政体也。"可见,"专制政体之在今日,有百害于我而无一利",专制政体是民众的公敌和"大仇"。这就从正反两方面突出了兴民权废专制的时代课题。

"起民权"须从"移旧俗"即改变与重建人们的价值观念开始。于是梁启超围绕民权提出了四对观念,即国民与奴隶、朝廷与国家、国民与国家、权利与义务,每对两两参照,或批判与建设熔为一炉,或确立与深化连为一体。以第一对观念为例,他把享有民主权利的人民称为"国民","国"为人民之公产;专制制度下,国为君主一人之私,人民便是奴隶。他描述过专制高压下中国人民处于"奴隶"之境的惨状:"我国蚩蚩四亿之众,数千年受制于民贼政体之下,如盲鱼生长黑壑,出诸海而犹不能视;妇人缠足十载,解其缚而犹不能行,故步自封,少见多怪,曾不知天地间有所谓民权二字。"再如第四对观念,他指出,义务与权利是相对待的,"人人生而有应得之权利,即人人生而有应尽之义务,二者其量适相均。"当然"移旧俗"在客观上要求建立民主政体以保障民权,就个人而言,也要自我批评,除劫心奴,培养新民人格。"盖有新民何患无新制度无新政府无新国家。"心奴种种,诸如宗教之奴隶、先哲之奴隶、习俗之奴隶、权势者之奴隶、自为其心之奴隶,其心又为四肢百体之奴隶等等,于政治上表现为"服一王之治",于学术上表现为"守一先生之言"。心奴不去,就"重重缚轭,奄奄就死,无复生人之趣矣。"针对学界之奴依傍、崇权威,去心奴的任务更迫切,"学界之奴性未去,爱群爱国爱真理之心未减也。"

针对中国人的奴性等国民性弱点,以及民主政体的客观伦理要求,梁启超提出了"道德革命"的口号,矛头直指三纲五常,而且批判了"让而不争""束身寡过"之类的"弱者道德",树立了资产阶级的国家观、权利义务观、自由观等。由于旧俗旧观念是弥漫于中国文化之中的,所以,这项"起民权"和"移旧俗"的任务亦当列入精神文化的深处。为此,他在提出"道德革命"的同时,还鼓动史学革命、诗界革命。梁启超对中国历史极有研究,所以其"史界革命"的内涵就更加深刻。1901、1902 年,他分别推出《中国史叙论》、《新史学》,猛烈抨击了帝王中心论和封建道统说,并以进化论为指导,去分析、研究以往的历史,成为中国近代资产阶级史学的最早代表人物。针对旧史"知有朝廷不知有国家"的贵族性,提出了撰写"民史"的任务;针对旧史"以历史为人物画像"、"以时代为人物之附属"以及"知古不知今",知有陈迹不知有今务的局限性提出了求历史进化的"公例公理",并以之资鉴现实,"导未来之进化"的新史学的要求。中国的旧史知有事实而不知有理想,毫无生气,为此梁启超提出要把史学与哲学相结合,主观与客观相结合。联系这些新的价值观念和旧史能铺叙不能别裁、能因袭而不能创作的方法的局限,梁启超晚期写了《中国历史研究法》及其《补编》、《历史统计学》、《研究文化史的几个重要问题》等重要论著,于学术史也推出了《清代学术概论》《中国近三百年学术史》等一代名作。累累治学之功使他在晚年成了清华大学国学研究院的三巨头之一。梁的史学思想虽有相对独立的形式,但其精神实质与"起民权"、"移旧俗"是相通的,一定程度上还可以说是具体化和深化——使得其启蒙思想的血肉更加丰满。

"起民权"和"移旧俗",都要有新的理论作依据,为此梁启超"更研哲理牖新知"。"研哲理"首先表现在其早期对西方哲学的研究和介绍。戊戌政变后,梁启超流亡日本。他广泛接触和阅读了有关西方哲学的各种著作,在《新民丛报》、《清议报》上推出了一系列文章,译介了培根、笛卡尔、斯宾诺莎、卢梭、孟德斯鸠、伏尔泰、康德、达尔文等人的著作和思想。如在《卢梭学案》中,梁启超在介绍卢梭的"人生而有平等之权,生而当享自由之福"等思想的同时,也运用它批判中国封建专制制度及其法律,肯定民约论的伟大意义。"自此说一行,欧洲学界如旱地起一霹雳,如暗界放一光明,风驰云捲,仅十余年,遂有法国大革命之事。自兹以往,欧洲列国之革命,纷纷继起,卒成今日之民权世界。民约者,法国革命之原动力也,法国大革命,十九世纪全世界之原动力也"。在另几篇文章中,梁启超认为培根和笛卡尔是近代西方文明的始祖,因为培根批判了妨碍人们获得真知的四假相,提出了经验论和归纳法,"一洗从前空想臆测之旧习,而格致实学,乃以骤兴。"笛卡尔重视推理和演绎,提出了"普遍怀疑原则",带来了西方思维方式的变革。通过这些译介,梁启超就可能从新的视角来看中国的问题、中国的文化了。

上述评介活动可说是从西学中"更研哲理"。从中国哲学来看,他对于阴阳五行说、儒家哲学、老子哲学、佛学、王阳明的知行合一说,以及戴东原的哲学思想等,均有所研究,而且融通佛儒,提出"境由心造"的唯心论点。他说,"物者何?谓与心对待之环境","一切物境皆虚幻,唯心造之境为真实","理论者事实之母也",又说"精神既具,则形质自生;精神不存,则形质无附"。这表明了梁启超在心物关系上的基本态度:精神(心)是第一性的,物质、物境是第二性的。这是典型的主观唯心主义。这在其历史观上表现得很明显。在社会历史领域,他论证和发挥了康有为提出的历史的进化"以群为体"的观点。从心物体用关系而言,他认为人类的活动表现为礼会现象(相)即"所活动者",而其能活动者是精神,"凡活动,以能活动者为体,以所活动者为相"。"群"是指"社会心理之实体",是"个人心理之扩大化合品"。作为"物"的世界、社会皆是心理之产物,"全世界者,全世界人类心理所造成;一社会者,一社会人之心理所造成。"由此,梁启超用群体意识的遗传和变异、蕴积和兴衰来解释历史的演化,这就陷入了唯心主义。从共性与个性的关系来看,群体意识对个体也有决定作用,历史上的大人物、英雄概不例外,他们成为"突出的人格者",仅仅因为他们的个性体现了当时当地的社会心理,代表了群体意识。当然上述观点主要是联系其哲学的主要倾向而言。在其唯心的体系中,却也有不少"新知"。如把地理等自然环境作为与心对待之物,梁启超指出它对文明的最初分布及其个性特征的重大影响;对群体意识——社会历史进化过程中精神层面的合力,作了初步探索;讨论了英雄与时势、英雄与群众的关系,揭示了群己关系的一般原则,等等。这些"新知"对于近代中国思想的发展有着积极意义。

第一次世界大战以后，这位早先"新思想界之陈涉"转而为维护传统的保守主义者，认为唯有中国传统思想方能救治已经破产的西方文明。1929 年 1 月，梁启超去世，北京、上海举行了隆重的悼念活动。冯玉祥将军的挽联是："矢志移山亦艰苦，大才如海更纵横"；钱玄同的挽联曰："文字收功神州革命，生平自许中同新民。"两联都肯定了他在本世纪初作为"新思想界之陈涉"的历史功绩。

人生箴言

桃李不言，下自成蹊。

——司马迁《史记·李将军列传》。

成长启示

桃树、李树并无言语，但由于能开美丽的花，结甜美的果，因此人们喜欢它们，经常到树下，自然就踏出了一条小路。

忠实的末世迂儒

在晚清的政界和士大夫群里,有一位严格的理学律己律人的人物,曾国藩曾尊他为"良友",发誓自道光二十二年十月初一起向他学习,"每日一念一事,皆写之手册,以便触目克治。"

这位令曾国藩肃然起敬的人便是倭仁(1804－1871年),字艮峰,又号艮斋,谥文端,蒙古正红旗人。世代驻防河南,道光九年进士。著有《正谊堂集》,辑有《古今帝王事迹》、《名臣章疏》(合称《启心金鉴》)。他一生官运亨通,位居大学士,晚年还当上了同治帝的师傅。死后被赐予太保衔。如此高官显赫,不在于他有治理国家的文韬武略,而主要在于他固守和践履理学的品行及其渊博学问。

倭仁长期蛰居京城,敢于进谏,面对国家的"吏治日坏"、"辅弼乏人"、"民穷财尽"、内外纷扰的现实,他提出了自己的看法。在给咸丰帝的奏疏中,他认为上述现象的根本原因不在于"积重难返"或"人才萎靡",而在于上层统治者"志不期于远大,政以苟且而自安。意不及于纯诚,事以虚浮而鲜效"。这实际上是批评统治者尤其是皇帝没有高远的政治志向,没有尽心尽力于国家的治理。他从理学"正心诚意"的观点出发,主张"转移一世之人心",由上而下励精图治。他说:"欲济当今之极弊而转移一世之人心,亦在朝廷而已矣"。何以转移人心,以达于"治平天下"的目的?这有一个由心及物、由内向外的过程。首先,最高统治者应有"承艰巨之任"、

"困心横虑以换颓世的雄心壮志,即立定坚卓有为之志;其次,统治者要"切劘身心"、"穷理修身",以行仁政崇节俭。这种主张显然是沿袭了传统儒家"修身齐家治国平天下"的思想。尽管他不怕惹皇帝"雷霆之怒"而犯颜直谏的品格是难能可贵的,但是,传统的儒家无法回答近代的历史课题,因而他凭借儒学来治国平天下的真诚愿望就表现为迂腐可笑。不过,倭仁的思想是有典型意义的。因为它展示了传统士大夫顽强维护理学的心态。所以,倭仁的思想是值得认真剖析的,他的思想主要有以下三方面:

1.“穷理修身”:旨在立“为尧舜之志”、“内圣外王”。此志定,“天下之治成”。因此,它是治平天下的根本所在。为人君者,应以古圣贤为榜样,克己、戒“傲”、戒“怠荒”、戒“逸欲”,以身作则。这是一条德治主义的政治路线,它不仅适用于君主,也是对其他大小官僚的要求。作为理学家,倭仁自己在“穷理修身”上“用功最笃”。他认为“人心至危”,因此要“修省密”、“惕怵深。”他每日有札记,反省自己的言论举止是否得当,饮食用度是否节俭合理,内心是否有私欲,等等。使自己的外表整齐端重,内心纯洁宁静,均符合“礼”的要求。这种言行一致,诚恳笃实得到了同僚的敬重,如何桂畛说他“秉性忠贞,见理明法,处危疑而不惧,临利害而不摇。生平言行,一一不负所学。若授以艰巨,必能尽言竭力,死生以之”,这仅就其品格而言。以实际来看,他固守理学的“修身,结果是把自己“修”成了没有经世之才唯有效忠之心的“迂儒”。咸丰元年,皇帝赏倭仁以副都统衔,充任边疆叶尔羌邦办大臣,然而直到咸丰二年,他给皇帝的奏疏仍丝毫“未及边陲情形”,所论的“治道”乃是“村子间老儒所能道者也”,这令咸丰帝十分失望。

2.“用人”：人才是国家兴衰的关键。倭仁也认识到“行政莫先于用人”，“若长无人之患，更甚于无财”，主张“兴贤育德，以储桢干。”用人的主要标准是看一个人有无德行，他说：“朝廷用人，不拘一格。才如可任，自不妨舍短取长。惟以贪鄙之行，奢侈之性，而济之以巧诈之心，则其所谓才，不过欺饰，弥缝而已。”他并不否认才能的作用，但如果一个人没有德行，假权济私，贪鄙巧诈，其才不可用。所以，“用人莫先于严辨君子小人。夫君子小人藏于心术者难知，发乎事迹者易见。”他的这种“严辨”论得到了道光帝“言甚切直”的赞许。倭仁所津津乐道的“君子”、“小人”并没有超过传统的“君子喻于义，小人喻于利”的窠臼。但在吏治混乱民族面临危机和官僚贪污腐化的历史条件下，他提出用“君子”而非“小人”的观点，还是有一定意义的。他自己作为朝廷任用的官僚，自律甚严，俨然“君子”。倭仁生活“俭素”，与人交往，“不通馈遗”。他的一位姻家，任广东澄海县知县。他到京城拜谒倭仁时，赠千两白银给他，倭仁坚决辞谢。倭仁对他说：“姻娅之间，本可以接受投赠。只是你正在此述职，而我恰好又是审查之人，因此我一分钱也不能收。你若执意不收回，我就采取一个两全其美的办法用你给的钱办一个粥厂，救济贫穷饥饿之人”。他的姻家既惭愧又感动，叹服着回去了。倭仁慎择慎荐人才，所以，他虽为当时很有名望的官僚和理学家，他的门生故吏却“恒寥寥”。他主张任用“君子”，也敢于揭露批判贪官污吏。新授任的广东巡抚黄赞汤任奉天学政时却声名狼藉，同治元年七月入京觐见皇帝时又携带巨资广行馈送。倭仁上书皇帝，认为此人有“贪鄙之行，奢侈之性”，“谓其有翰济之略，恐不能也”。任黄为广东巡抚，“未见其可”。于是黄被免去广东巡抚一职。可见,在义与利之间,倭仁是重仁义的"君子"。不过,近代所呼唤的人格,不是拘束于传统道德的"君子",而是敢于打破一切束缚的"豪杰"。

3."理财":统治者应节约理财,"去奢"、"去私"。这是倭仁的重要政治主张。同治年阅,武英殿着火,倭仁便借"武英殿不戒于火"为题敦请皇帝"勤修圣德,躬行节俭",以消弥灾害。他认为自古以来,宫禁火灾都是因为大兴土木劳民伤财所致,"人君苟饰宫室,不知百姓空竭,故火从高起。"武英殿火祸正是由于"此年以来,土木之未尽止息,天安神武门楼,均加修饰,宫廷之内,屡有兴作"之故。由之他建议"将一岁度支出入之数通盘筹画,自宫府内外,大小衙门,凡可裁者,概行裁省,勿狃虚示,勿沿故套,而避嫌怨,勿畏繁难,务量入以为出,勿因出而轻入,……至着人情嗜利,廉耻道丧,宜杜言利之门"。他希望通过理财,来解决当时的财政困窘和抑制奢靡之风。这并非是毫无所见,但他没有看到近代中国的富强之路在于发展近代工商业。这是他落伍于同时代之先进者的地方。

清末社会的内忧外患是中国封建专制制度日益腐朽没落的必然结果。鸦片战争前后,龚自珍和魏源已隐约感到了时代对新精神的呼唤。在这种历史条件下倭仁仍汲汲于维护清朝的政治统治,固守理学并以理学来挽救封建统治的危机,确实是十分迂腐的。他希望中国能抵御外侮,保持国家尊严,但自己却又无能为力,一筹莫展。1871 年天津教案起,曾国藩赴天津处理,他不惜一切与洋人媾和。倭仁因此对曾极为不满,写信表示"绝交"。曾国藩对倭仁的指责"引咎自责",但"未尝不笑其迂也"。在曾国藩看来,倭仁不识时务,对外国一无所知,所以他"迂"。但是,倭仁并不是虚伪的理学家,他是理学的忠实践履者。然而他越是忠实就越是显得迂腐。这不是他个人的悲剧,而是理学及其所维持的封建制度已步入日暮途穷的末世的反映。

人生箴言

穷则独善其身,达则兼济天下。

——《孟子·尽心上》。

成长启示

不得志时就洁身自好修养个人品德,得志时就使天下都能这样。

放眼看世界的魏源

1842 年 8 月 29 日,南京下关江面一带,阴霾四起,山雨欲来。停泊在这里的英国军舰"汗华丽"号上正在签订给中华民族带来长久耻辱、影响着整个中国近代史的第一个不平等条约——《南京条约》。《南京条约》的签订,标志着历时两年多的鸦片战争以中国的失败而告结束。然而,战争隆隆炮声留下来的震撼远没有结束。

面对这场失败的战争,面对破碎的山河,面对这一屈辱的条约和接踵而来的列强咄咄逼人的气焰,此时,一个时代的最强音响起:向西方学习,"师夷之长技以制夷"。发出这声时代呐喊的人,就是与龚自珍齐名,时称"龚魏"的又一近代思想先驱——魏源。

魏源(1794～1857 年),字默深,湖南邵阳金潭(今隆回金潭)人。魏源从小性格内向,沉默寡言,喜独坐沉思,"默深"之字就可能缘由此来。魏源七岁入家塾,勤奋好学,虽严寒酷暑,手不释卷,夜手一编,攻读达旦。据传有一次,其师因 50 余日不见其面,以为他病了,前去看望,只见他满面尘垢,鬓发如蓬,埋首书中。1808 年,十五岁的魏源考取秀才,研习王阳明的学说。十七岁便在家乡设馆授课,颇有名气。1816 年,魏源随父入京。沿途所见,满目疮痍。清王朝衰败的情景深深地烙在他的心里。进京后,与龚自珍相识,成莫逆交。二十九岁,中顺天府乡试举人,随后受江苏布政使贺长龄之邀为幕僚,并参加编写《皇朝经世文编》。然而,他在中举后屡试不第,只得在三十八岁时花钱捐了个内阁中书舍人候补。

内阁丰富的藏书,使他有机会更多地阅览文史典籍。不久,因父病逝,回家居丧。守孝期满,受两江总督陶澍之邀为幕僚,时值林则徐任江苏布政使(后升任江苏巡抚)。在此期间,魏源协助陶、林筹划漕运、进行盐政及水利改革,提出不少兴利除弊的举措。

不过,这时的魏源对于社会弊病的医治,和龚自珍相似,是"药方只贩古时丹"。鸦片战争之后,魏源的思想开阔了,开辟出"师夷长技以制夷"的新方向。

这一新的思想方向,是以对西方国家的了解为基础的。在鸦片战争前,中国人对于世界的认识基本上囿于"夷夏"观念之中,根本不知道西方国家的地理位置和其他情况,直至林则徐到广州禁烟时,开始在官署中设译员,购置西方文书报加以翻译,并主持翻译了《四洲志》等介绍西方情况的资料。战后,魏源受林则徐之托,在《四洲志》的基础上,编写了《海国图志》50 卷(1852 年扩编为100 卷)。这是最早的一部比较系统、客观地介绍外国尤其是西方国家历史、地理和政情的著作,是近代中国率先放眼看世界的著作。尽管在书中,魏源也沿用了习惯用法,称西方为"夷",但却没有轻漫、歧视外国人的心理,而是把洋人称为"奇士"、"良友"。针对顽固派把西方的机器、轮船称为"奇技淫巧",魏源指出只要是"有用之物",对国家人民有利,"即奇技而非淫巧"。

魏源的卓越之处不仅在于提出了客观地了解、学习西方,而且在于具体指明了应该学习的方面和相应的措施:设翻译馆,译西书,培养通晓外事的人才;在广州设造船厂、火器制造局,制造轮船、枪炮;改造绿营和水师,裁减冗员,淘汰老弱闲散无用之兵;提高士兵待遇,学习西方选兵、养兵、练兵方法等。同时,魏源认为,学习外国的长技并不仅仅局限于"船坚炮利"等军事技术,而且要学习其他如"量天尺"、"龙尾车"、"千里镜"等有益于"民用者"的实用技术,并主张允许商民办厂设局,发展民间资本主义工商业。特别是他在了解、介绍西方情况时,已逐步觉察到西方民主政治的优越性,并对美国的民主选举大为赞赏。

现在看来,魏源在《海国图志》中对西方的了解和介绍是很肤浅的,但他在当时主张向西方学习,改革弊政,要求发展民间资本主义,符合和代表了时代的进步要求。在过了二三十年之后,他的这些思想才成为资产阶级早期改良派的实际行动,并成为戊戌变法的思想先导,表现出一个杰出思想家的远见。特别是他在当时清政府日益没落,又遭外来侵略,中国社会面临严重危机的情况下,强调只要下决心向西方学习,就能"风气日开,智慧日出",挽救民族危亡,赶上西方先进的资本主义国家。这对于鼓舞民族精神,增强民族自信心,有着极为重要的意义。

魏源作为近代思想的先驱,立足于当时中国面临的现实问题和向西方先进国家学习的立场,考察社会发展的规律性,特别强调"变"的重要性。他说:"天下无数百年不弊之法,无穷极不变之法,无不除弊而能兴利之法,无不易简而能变通之法",并且认为"变古愈尽,便民愈甚",这里的"便民"就是有利于民众,符合民众的要求,从而与社会发展趋势相一致,推动社会发展,朦胧意识到民众的力量和作用。同时,魏源也特别强调发挥个体意志的力量,认为只要"造化自我",发挥个体意志的作用,就能"造命胜天",推动历史进步。魏源"变古愈尽,便民愈甚"的历史观虽然还没有能够超越传统的"器变道不变"的局限,但已包含了某些历史进化观点的萌芽。特别是他把"便民"与历史发展趋势相结合,从历史发展趋势和"造化自我",发挥个体意志作用两个方面考察历史发展的动力,既强调民众的作用,又强调个体的作用;既看到了必然性,又看到主观能动性,表现出理论的灼见。

魏源针对当时占统治地位的经学学风对人思想的束缚,明确提出了"违寐而之觉,革虚而之实"的具有近代意义的认识论命题,要求人们由蒙昧而觉悟,由空谈而切实。这不仅是中国近代政治改革的要求,而且体现了中国近代哲学认识论的发展方向:启发蒙昧,面对现实,寻求救国救民的真理。

正是循着这一方向,魏源在认识论上还提出了"及之而后知,履之而后艰,乌有不行而能知者乎",认为只有通过亲身的经验,接触实际的事物,才能获得真切的知识。尤其表现出新时代特点的,是他在知识才能的来源问题上,提出了"才生于情"和"学资于问"。认为只有对国家和人民怀有热情,忧国忧民,才能成为济世之才;只有善于向众人学习,广泛听取众人的意见,才能得到真正的学问,决不能以自己独得的一孔之见而沾沾自喜。这一"才生于情"和"学资于问"的思想,散发出近代人文主义的气息。

1845年,五十二岁的魏源考中殿试第三甲,赐同进士出身,出任东台知县。正像他自己所说:"中年老女,重作新妇,世事逼人至此,奈何?"实在是不得已而为之。1850年调任海州分司运判,次年迁高邮知州。1853年因"迟误驿报"被革职。后虽经钦差大臣周天爵保奏官复原职,但年过六十的魏源以"世乱多故,无心仕官"为由辞谢,将全家迁至兴化,从此潜心著书,手订平生著述,思想也渐入消沉,喜好佛教,在兴化西寺"终订默坐参禅"。1856年秋游杭州,住东园小庵。次年三月病殁于杭州。

人生箴言

明月松间照，清泉石上流。

——王维《山居秋暝》。

成长启示

明月在松间照耀，清泉在石头上流淌。

多行不义必自毙

唐朝到了高宗的时候，由于高宗身体羸弱，常常由皇后武则天处理政事。等到高宗死后，武则天独揽大权，废了儿子，自己登基当了皇帝。当时很多官员都对她不服，甚至还有人造反，严重威胁了她的地位。于是武则天网罗了一大批酷吏，利用他们为自己清除政敌。

酷吏都是一些冷漠无情、嗜杀成性的人，他们想出了各种严刑酷法来对付犯人。其中就有一个叫来俊臣的人，他年幼的时候就性情凶残,不务正业,人谓举世无双。他听说武则天厚待告密之人,就整日搜集官员们的罪证,屡次告密,逐渐得到了武则天的赏识。

来俊臣善于察言观色,皇帝一旦对某人不满,他必有办法使之入狱。如果一时找不到对方犯罪的证据,来俊臣就会授意市井之中的一批无赖,让他们串通一气,罗织被诬官员的罪名。这样告的人一多,上面想不怀疑也难了。就这样,来俊臣帮武则天除掉了不少难缠的对手,他的仕途自然也是越走越宽,屡次升迁,在一定程度上掌握着朝廷命官的生杀大权。

来俊臣制狱非常严酷,往往是抓一个人,就会牵出一大串,结果株连者达上千人之众。他每次审问犯人,不问罪名轻重,也不管你是王公贵族还是朝廷重臣,一律先把那些可怕的刑具扔在地上,问:"你可知罪?"犯人们一见这样的阵势,常常吓得魂飞魄散,不管是什么罪名都一口承认下来。而那些拒不承认的犯人呢,就会受到最严酷的刑罚。有的是用醋灌入犯人鼻中;有的是把犯人装入狭小的瓮中,用火在外面焚烧炙烤;有的则几天几夜不给饭吃,逼得那些犯人只好靠吃棉絮维持生命。在这样的严刑拷打下,犯人就是不死,也会终身残废。要是遇到皇帝的生日或是什么重大节日,皇帝会大赦天下。来俊臣不敢违抗赦令,但他却会在宣示赦令之前,派人把那些囚犯杀死。

在来俊臣当道的这些年里,死在他手上的人不计其数,弄得朝廷中人人自危。这些官员们每次上朝,不像是例行公事,反而像是去送死。因为谁也不能预料,半路上会不会突然跳出来俊臣的人,不由分说地把你拉进牢里,然后随便地定个罪名,无声无息地就把你给折磨死了。所以,他们每日上朝都会先与家人诀别,说:"我这一去,还不知能不能回来见你们。"其家人闻言,往往是泪如雨下,情景不胜凄凉。来俊臣之所以这样横行霸道,为非作歹,完全是因为得到了武则天的支持。可是来俊臣却得意得有些忘乎所以,竟然把魔爪伸向了武则天身边的红人,包括武氏诸王、太平公主,还有受到皇帝宠幸的张易之等人。这些人可不是好惹的,他们相互通气,加上有武则天护着,来俊臣好几次诬告都没有得逞。后来,这些人觉得来俊臣一日不除,他们就一日不能安心,于是就联合那些早已恨透来俊臣的诸王大臣们,一起在武则天面前告状。武则天虽然不想杀来俊臣,可是一方面因为自己的地位已经稳固,不需要再靠杀人来示威;另一方面也考虑到来俊臣杀人过多,众怒难犯,于是就将来俊臣下狱了。

来俊臣自己下了狱,尝到了那些残酷刑罚的滋味,真是自作自受!后来,来俊臣被斩于集市,那些对他恨之入骨的百姓,争相上前割他的肉。才一眨眼的工夫,曾经不可一世的来俊臣就只剩下一具空空的骷髅了。

人生箴言

宠辱不惊,闲看庭前花开花落;去留无意,漫随天外云卷云舒。
——洪应明《菜根谭》。

🕊 **成长启示**

> 面对荣辱坦然而不惧怕,闲来看看庭前的花开花落,感受季节的变迁,明晓人世的道理,花是开是败,人是荣是辱,世事是变还是不变,让它随波逐流,随心所欲,随遇而安吧。

🍃 戴胄高压之下不退缩 🍃

唐太宗在位时,戴胄担任大理寺少卿一职。当时唐朝的法律《唐律》已经出炉,共五百条,这为审案判刑提供了客观凭据。

戴胄任职期间,秉公办案,执法甚严。他以《唐律》为判刑依据,即便是皇帝的圣旨,如果与《唐律》不符,他也不予理睬,依然照律办案。

唐太宗曾经发布了一道圣旨,说凡是在科举考试中伪造出身和资历者,要立即坦白自首,否则判处死刑。

不久吏部查出有个已经金榜题名的举子,出身和资历都是伪造的。唐太宗知道这件事后勃然大怒,立即下令革去这名举子的功名和官职,将他投进大牢,交由大理寺审判,责成戴胄将这名举子判处死刑。

然而,戴胄在查明了犯罪的情由和事实后,却根据《唐律》的有关条款,把他流放到边荒去了。

唐太宗得知此消息后十分恼火,他差人把戴胄叫进宫来,很生气地质问他为何要自作主张违抗自己的命令。

戴胄解释说他只是严格遵从《唐律》办事,害怕失职。唐太宗更加生气了,让戴胄重新判处举子死刑。

戴胄面对唐太宗的强大压力,丝毫没有退缩,他将《唐律》和皇上的命令作了鲜明的对比。在他看来,《唐律》是国家参照前朝法典,依据本朝实际,是集中众人的智慧,经过反复研究推敲制定出来的,而且是通过皇上批准才得以颁布实施的。而皇上的命令是凭一时情绪发布的,不如《唐律》那么客观。皇帝的小信用和国家的大信用比起来是微不足道的。

唐太宗听了戴胄的答辩之后,觉得言之有理,就不强逼戴胄改刑了,并对戴胄的做法表示了赞许。

人生箴言

情淡方可久,德淡境乃高。

——古代谚语。

成长启示

感情平淡才可长久,德行平淡境界才会更高。

李四光迎难而上

李四光是我国著名的地质学家,湖北黄冈人。他出生在中华民族遭受帝国主义、封建主义双重压迫而内忧外患、灾难深重的年代。为了民族振兴和国家强盛,李四光东渡日本,远去英国求学。毕业后,他拒绝了外国高薪聘用的优厚待遇,于1920年毅然回到了祖国,决心为发展中国的地质科学事业贡献力量。

20世纪20年代,中国地质科学的发展刚刚开始起步,石油勘探开发工作处于逆境。早在20年代初,美国的美孚石油公司就投资了三百万美元在陕北延安地区打了七眼深井,最终失望而去。1922年,美国又派了斯坦福大学的著名的地质学教授布莱克威尔德来到中国。布莱克威尔德经过一番地质勘探调查,得出中国"贫油"的结论。这个结论带有权威性,使新中国的许多地质学家都陷入悲观失望中,然而李四光却迎难而上,他对中国石油前景持乐观态度。

1926年,三十九岁的李四光作为北京大学的代表,去莫斯科参加一个地质科学大会。当列车驶过乌拉尔山的时候,李四光突发奇想:奇怪,这里是辽阔的西伯利亚平原,怎么会在平原上出现这个大山脉呢?他打开了随身携带的世界地图。地图显示,乌拉尔山脉从南到北横亘在平原上,它的东面是西伯利亚平原,西面是俄罗斯平原。他心中的疑问越来越强烈:绵长的乌拉尔山脉为什么会如此南北纵贯在辽阔的西伯利亚平原和俄罗斯平原中间?

在莫斯科地质科学大会上,李四光就这一问题向一些地质学权威请教,但没有人能给他满意的回答。

回国后,李四光翻阅了许多地质学论著,结合苏联地质图仔细研究。他注意到乌拉尔山脉的南面还有一条呈东西延伸而又向南突起的巨大弧形山脉,东起阿尔泰,经高加索,西到黑海以北,与乌拉尔山脉一起构成一个巨大的"山"字,平铺在欧亚地图上。这一发现使李四光产生了一个大胆的设想:乌拉尔山脉形成于上古生代一次巨大的地壳构造运动中,难道这"山"字形构造正是由于地壳运动的结果? 如果真是这样,一定还有类似构造的山脉存在。

李四光决定到大自然中寻找"山"字形构造,1928 年,他带领几名地质队员到江苏、广西一带考察,又发现了两个"山"字形构造。后来,除了"山"字形结构,李四光又在中国东北地区发现了由大兴安岭、小兴安岭和长白山脉构成的"多"字形构造体系。

通过研究,李四光还发现,不同构造带对矿产的形成有着不同的影响。各种地应力除了影响地球表层——地壳的形状外,还会影响到地球深处,驱使地下的矿藏沿某一构造带集中,形成矿床。比如,在东西走向的山脉中,常见铜、钨、锡之类重金属矿体;在"多"字形构造的沉降带,由于其具有沉积某些矿物的条件,因而多见石油及天然气,而"山"字形构造则会造成煤田。

1928 年,李四光发表了《燃烧的问题》这篇文章,指出热河和四川值得勘探。1935 年他在英国讲演时说我国东部地区可能蕴藏着石油资源。他以自己的研究对中国"贫油"的论点给以强有力的反驳。

1953年，为了解决国家建设所必需的石油，中央人民政府主席毛泽东、政务院总理周恩来任命李四光主持中国石油资源的勘探工作。

李四光运用地质力学分析了中国东部地质构造的特征，提出了新华夏构造体系的概念。根据地质力学的理论，他认为新华夏构造体系包括三个沉降带和相应的隆起带，而三个沉降带具有广阔的找油远景。他在1955年首先组织了开赴新疆柴达木、内蒙古鄂尔多斯、四川、华北和东北等地的五个石油普查大队。并先后发现了多个大油田，开创了中国石油新纪元。

人生箴言

知足者常乐。

——《论语》。

成长启示

知道满足的人会经常快乐。

河间王实事求是

西汉时期，汉景帝刘启有十四个儿子。刘德是汉景帝的次子，被汉景帝封在河间为河间王，死后谥献，因此又被后人称为"河间献王"。

据传，河间王刘德酷爱藏书。秦始皇焚书之后，古文书籍在民间便极为少见，刘德就不惜重金四处求购。得知河间王有此嗜好，民间许多文人学者都从家中搜出祖上传下的古书，拿去献给刘德，有的甚至因此投靠在刘德府中，与他共同研究。这样，刘德积攒了大量经典古籍，他对它们不仅精心保管，擦拭得干干净净，摆放得整整齐齐，而且还认真钻研书中学问，与一同前来的文人学者精心研究，归纳整理。于是，很多人都愿意和刘德探讨学识，甚至皇帝和大臣官府中的学者都来向刘德讨教问题。一时间，河间王刘德脚踏实地、刻苦钻研的治学态度在当地人尽皆知，传为佳话。

对刘德潜心做学问的精神，后世给给予了高度的评价。东汉史学家、文学家班固，在撰写《汉书》的时候，专门为刘德写了一部传记《河间献王传》。在这本《河间献王传》的开头，班固对刘德的治学态度作了总的评价，文中说："修学好古，实事求是。从民得善书，必为好写与之，留其真。"我们后来所讲的成语"实事求是"便由此处得来。

人生箴言

风力掀天浪打头,只须一笑不须愁。

——杨万里《闷歌行》。

成长启示

即使风把天掀起来,也不过是浪打到头上,只要一笑就可以了,根本不必忧愁。

王旦大度感寇准

王旦是北宋时期人,他和寇准属同科进士,被皇帝分别委任主持中书省和枢密院。二人学识和才气不分上下,只是寇准常在宋真宗面前说王旦的不是,而王旦则常常在皇上面前夸赞寇准。

一次,王旦主持的中书省签署的一份公文严重违背了宋真宗的旨意,主持枢密院的寇准便抓住了把柄,他把公文中的错误之处毫无保留地报告了宋真宗。宋真宗对此事极为震怒,他严厉责罚了王旦和他的属下。

事有凑巧,不久,枢密院在一份给中书省的公文中也违背了宋真宗的旨意。中书省的官员都希望王旦能借此机会狠狠地告寇准一状,以报被罚之仇。

然而,事情却出乎属员们的意料,王旦既没有幸灾乐祸,更没有借机报复,而是亲自把公文中的错误之处一一指明,并吩咐属员把这个文件返还给枢密院,请他们改正后尽快递送过来,以免误了国家大事。

寇准收到退文后,很是感动。他按照王旦所指出的错处,亲自认真修改,恭恭敬敬地交给来人带走。寇准认为王旦不计个人恩怨,从大局出发,表现得十分大度。送走王旦的信使后,他越想越不是滋味,于是立刻乘了轿子,亲自来到王旦的府第登门致谢,并旧事重提,说上次自己小肚鸡肠,才使王旦受到了责罚,而今王旦不计前嫌,宽容大度,是真正的君子。寇准说着,对王旦拜了又拜,深表忏悔和谢意。

人生箴言

车到山前必有路,船到桥头自然直。

——古代谚语。

成长启示

车到了山前,就一定会有路可走,船到了桥边上,自然就
会直了。

先我着鞭

东晋名将刘琨,字越石,中山魏昌(今河北无极)人。他文武双全,既是武将,又是诗人,从小就胸怀纵横天下、杀敌立功的壮志。他交朋友也要选择强于己的人,以勉励自己进步。刘琨与祖逖(也是东晋名将)是好朋友,年轻时同在一起任职,又同在一起练武。

后来,祖逖杀敌立了功,受到朝廷重用。刘琨既替祖逖高兴,同时自己心里也很着急。他写信给亲友说:"我时时刻刻鞭策自己奋进,常常头枕着兵器等待天亮,立志要消灭敌人,建功立业,时时担心祖逖走在前面而自己落了后。"

后来刘琨也得到重用,官至大将军、司空,长期忠心耿耿为国作战。他有勇有谋,很会使用攻心战术。有一回,他被胡兵(胡:中国古代对北方和西方各少数民族的泛称)重重包围在晋阳城,陷入了极端困难的境地。一夜,月色朦胧,刘琨登上城楼,发出清越而极有感染力的呼啸之声,胡兵听了,心中非常悲伤。半夜,他又吹奏起胡笳(一种西域乐器),使得胡兵叹息流泪,怀念起故乡。次日晚上,刘琨再次吹起胡笳,胡兵们纷纷离开晋阳,放弃了围城。

人生箴言

兵强胜人,人强胜天。

——《逸周书·文传》。

成长启示

> 兵力强大,可以战胜敌人;人力强大,可以战胜自然。

神出鬼没的孔明

蜀汉建兴七年四月,诸葛亮与司马懿大战于祁山。经过几番阵战,司马懿大败。在战斗失利的情况下,司马懿坚守不战,一连半月,双方不曾交兵。孔明见司马懿坚守不战,心生一计,即拔寨而走,以引诱魏兵来战。司马懿深知孔明计谋极多,不敢轻进。而司马懿的部将张郃却未识别孔明的计策,力主追击,决一死战。司马懿不得已,乃叫张郃领兵先行,自己随后接应。结果又中了孔明的圈套,魏军死伤极多,丢失马匹器械无数。

孔明得胜回寨,又准备进兵攻击司马懿;忽报张苞身死,孔明昏绝于地,进兵之事乃搁置下来。过了十多天,孔明对董厥、樊建等说:"我自觉昏沉,不能理事,不如且回汉中养病,再作良图。你们一定不要走漏消息,如果让司马懿知道了,他一定会来攻击。"于是便传下命令,叫蜀兵当夜暗暗拔寨回军。孔明率军去了五天以后,司马懿方才觉察,于是长叹道:"孔明真有神出鬼没之计,吾不能及也!"

人生箴言

人以巧胜天。

——林和靖语。

成长启示

人可以以聪明和智慧战胜自然。

谈笑自若的甘宁

三国时期,有一个著名的将领,名叫甘宁。他是巴郡临江(今四川忠县)人,字兴霸。他最初依附刘表,后来投靠孙权。他曾跟随周瑜攻打曹操,进攻曹仁,跟随吕蒙抗拒关羽。因为有战功,所以他被任命为西陵太守、折冲将军。

赤壁之战曹操失败以后,孙权和刘备的联军乘胜追击,一直追到南郡(今湖北江陵县境)。驻守南郡的魏将曹仁,以逸待劳,击败了吴军的先头部队。周瑜大怒,准备调兵遣将,与曹仁一决雌雄。甘宁上前劝阻,他认为南郡与夷陵互为犄角,应该先袭取夷陵,然后再进攻南郡。

吴军大都督周瑜接受了他的建议,命他领兵攻取夷陵。

甘宁率军直逼夷陵城下,与魏军守将曹洪激战二十余回合,曹洪败走,往南郡退逃。甘宁命令部下,迅速夺取夷陵。甘宁手下兵员很少,只有几百人,入城后立即招兵,也不过千人。当天黄昏,曹仁派曹纯和牛金引兵与曹洪汇合,共聚五千人,把夷陵城团团围住。曹军架设云梯攻城,被甘宁守军击退。

第二天,曹军构筑高楼,然后士兵在高楼上向城中射箭,顿时箭如雨发,射死射伤不少吴兵,吴兵将此情况飞报甘宁。将士们闻听此讯,都有些害怕,唯独甘宁有说有笑,同往常一样,毫不紧张。他命人收集曹军射来的数万枝箭,随即派优秀射手,与魏军对射。由于甘宁率军沉着顽强地固守,曹军无法攻破城池。

后来,周瑜派来救兵,配合甘宁一起击退魏军。周瑜为甘宁解围后,亲自慰劳守城将士,并给甘宁记了一功。甘宁临危不惧,镇定自若,谈笑风生,在军中传为美谈。

人生箴言

静坐常思己过,闲谈莫论人非。

——佛心慧语。

成长启示

经常坐下来思考一下自己的过错,闲谈时也不谈论他人是非。

第四章
快乐让生活更美丽

当有人问金钱是否能买到快乐,回答通常是不能的。但不可否认,钱是最让人舒服的东西,人遭到困厄,患了久治不愈的病症或者无家可归的时候,钱可以救急。不过钱的用处再大,也不能应付得了无法逃避的痛苦和哀伤,更不可能使卑鄙的人格得以提升。因此,生活中钱绝对不是全部,一个人快乐与否是他个人工作中所能运用的支配力而非所得金钱的数量所决定的。不能使人全神贯注的工作,不论待遇多么优厚,干起事都似乎淡而乏味。

生活的乐趣是对生命的热情,丧失这种热情,即使拥有名声、权力和财富,也不能享受生命的乐趣。似乎有许多人太轻易抛开生命的乐趣,工作不再有趣,生活不再新鲜,人生愈过愈乏味,再也没有什么东西可以感动他。

很多人认为只要有钱,有房子,有各种昂贵的东西,快乐就会随之而来,还有人试着在声色刺激中寻找生命的乐趣,却不明白这是缘木求鱼。

　　追求速度的现代社会,每个人都忙得团团转。等红灯的行人神情都很焦躁,紧张的生活对心理产生了巨大影响。现代人被时间的巨轮逼得喘不过气来,但同时又相信忙碌才能带来充实的人生,因此不敢怠慢地填满每一分每一秒,忙进修、忙休闲、连度假都分秒必争,生命乐趣就在一连串的赶、赶、赶中被剥夺了。整个人生无时不在和金钱挂钩,总以利益去盘算生命的过程。

　　其实,力求实现目标的过程,比目标实现更快乐,但就是极少人能体味到这一点。

　　感动平凡生活的每一天,不以金钱衡量一切;保持一颗鲜活的心,即使有些挫折也会使你快乐,而只有快乐才会让生活更美丽。

　　得到了不该得到的不要狂喜,没得到梦想的也不要叹息。得中有失,失中必得,这就是生命的过程。

——读书札记

探骊得珠

战国时期，有一个俗人去游说宋襄王，他花言巧语地把宋襄王哄乐了，于是宋襄王赐给他十辆车子。那个人用这十辆车子在庄子面前夸耀，嘲笑庄子落伍。

庄子对他说："河边上有一个贫困的人家，以织芦席谋生。这家的儿子潜入深渊，得到价值千金的珍珠。父亲对儿子说：'拿石头来砸碎它！价值千金的珍珠，必在九重深渊中黑龙的领下，你能得到这颗珍珠，一定是赶上黑龙睡着了。假如黑龙醒来，你还能活着回来么！'如今宋国之深，超过九重之渊；宋王之猛，超过黑龙；你能得到宋王的车，一定是赶上他睡着了。假如宋王醒来，你早就化为齑粉了！"

人生箴言

守之以谦，必受之以益。
——范仲淹《范文正公别集》卷三。

成长启示

如果具备了谦虚的品格，那么一定会从中受益。

寄人篱下

南北朝时的齐国,有一个叫张融的人,字思光。此人长得体短貌丑,但精神清澈,思维敏捷。他家境虽贫,但能勤奋自学,其记忆力和理解能力都很好而且滑稽多辩。齐高帝(萧道成)对他很厚爱,常说:"此人独一无二。"

有一次,高帝赐给张融一件衣服,张融前去向高帝请安。短短的一段路,张融走了很长时间。高帝问何故,张融说:"我是从地下升到天上来,按理是不能快走的。"

张融善草书,并常常为此自我欣赏。高帝曾说:"你的书法很有骨力,但无二王(指东晋书法家王羲之、王献之父子)的笔法。"张融说:"二王还不具备我的笔法呢!"

武帝继位以后,有一次张融请假东游。武帝问他住在何处,张融说:"我住的地方说是在陆上,但没有屋子;说是在船中,但船下又无水。"后来,武帝问张融的哥哥张绪,张绪说:"他住在一条停在岸上的小船里。"武帝听罢哈哈大笑。

永明(齐武帝的年号)中叶,张融染病时作门律,并自作序言。序言中,他阐述了自己从事文章著述的情况。文中说:大丈夫应当删诗、书,制礼乐,文章著述自成一体,不能寄人篱下地沿袭别人。

人生箴言

清风徐来,水波不兴。

——苏轼《赤壁赋》。

成长启示

清风徐徐吹来,而水波却没有荡漾。

家徒四壁

司马相如是西汉辞赋家,字长卿,蜀郡成都(今属四川)人。他年少的时候喜爱读书、击剑。他原名犬子,后来,他羡慕蔺相如的为人,便改名为相如。他曾在汉景帝和梁孝王手下当过小官吏。梁孝王死后,回老家成都闲居。司马相如家境十分贫寒,生活非常艰难。

司马相如与临邛县令王吉交情很深,于是来到临邛,住在城外的客馆中。王吉经常前去看望司马相如。临邛县一些大财主,见王吉非常敬重司马相如,因此都很想结识他。有一天,大财主卓王孙设宴,请王吉和司马相如一同前来赴宴。司马相如借病推却,王吉亲自相请,他才勉强前往。司马相如举止大方,风雅潇洒,使满座宾客为之倾倒。席间,王吉请司马相如弹琴,相如弹了几曲。卓王孙有个女儿名叫卓文君,新近死了丈夫,在家寡居。她很爱好诗文音乐,听到司马相如悦耳的琴音,见到司马相如的一表人才,产生了爱慕之情。司马相如也很喜欢卓文君的才貌,于是两人决心结成终身伴侣。

为了实现真挚的爱情,卓文君毅然冲破封建礼教束缚,星夜离家私奔司马相如。他俩相亲相爱,返回成都。到了成都老家,卓文君发现司马相如一贫如洗,家中除了四周的墙壁,其余一无所有。大财主卓王孙对女儿的私奔非常愤怒,连一分钱也不肯给他们。为了维持生活,司马相如和卓文君返回临邛,开了一个小酒馆,文君卖酒,相如穿着短裤子打杂。

后经亲友劝说,卓王孙分给卓文君一部分财产,她便与司马相如又回到成都。

后来,司马相如以自己的才学得到汉武帝的赏识,官封中郎将,他为开发西南边疆作出了贡献。

人生箴言

采菊东篱下,悠然见南山。

——陶渊明《饮酒二十首》。

成长启示

> 到东边的篱笆下采摘菊花,悠闲之间望一望南面的山峰。

人死留名

五代时期,有一个叫王彦章的人,少年时随梁太祖(朱温)征战,建有汗马功劳。太祖死后,他辅佐末帝(朱稹),到处征伐,建立梁王朝地盘。当时梁朝的大敌人是晋国,王彦章因对晋国作战时曾两次失利,被忌恨他的人所诬,免了兵权。但在不到半年的时间里,梁朝的主要地盘都被晋军侵占了。在危急时,彦章再被起用。在一次战役中,彦章因战马受伤,自己也身受重伤,所以被晋人活捉。

晋王见王彦章后,向他说:"你曾经说我是个小孩子,如今服不服呢?我听说你善于操兵,如何不守兖州呢?"彦章说:"大势已去,不是我智力能预知的。"

晋王心里怜爱他的勇敢,亲自替他的伤口敷药,让他好好养伤,派人劝他投降。彦章向劝慰他的人说:"我是一个普通的人,与贵国皇帝(指晋王)对抗了十五年,现在兵败力穷,是应该死的……岂有做臣子做将领的人,早上替梁朝做事,晚间为晋朝服务的道理

112

呢？能够死已是很荣幸了。"就这样，彦章被害了，但他的英名却永远被流传。

🎉 人生箴言

君子之交淡如水，小人之交甘若醴。

——《庄子·山水》。

🕊 成长启示

君子之间的交情像水一样平淡，小人之交情像酒一样甘甜。

任劳任怨

赵盾碰见赵穿打猎回来,就把想要逃走的事告诉他。赵穿说:"你可不能离开晋国,我自有办法请您回来。"赵盾听后都不知道怎么办才行。要保全自个儿的命,就该早点儿跑,他对于国君,对于国事确实负责。可是那个不成器的国君老是排挤他,他又有什么办法?他一听赵穿的话,心里就念着:这种事可千万别闹出来呀!赵穿瞧他愁眉不展,就安慰他说:"您不用着急!我自有办法。"

于是赵穿就去见了晋灵公说:"主公您老在桃园里玩,我可真有点儿担心,万一出了事,单凭几个武士顶什么呢?让我选一二百名勇士,专门保护桃园,你看如何?"晋灵公道:"再好没有了。"没一会儿,二百名卫兵拿着武器围住了晋灵公,他开始觉得事情不对,这时赵穿把剑往下一沉,晋灵公的脖子上就挨了一刀了。

赵穿干了这事,赵盾心里老是不痛快,他担心谋害国君的罪名赵家担当不了。就想瞧瞧朝廷的大事册上怎么写这件事,他拿来一瞧,上头写着:"秋七月,赵盾在桃园谋害了国君。"赵盾有点不相信自己的眼睛,整个心凉了一半截,咆哮地对太史道:"你弄错了吧?谁都知道先君不是我杀的。当时,我还在河东的。先生你怎么叫我担这个罪名啊?"太史说:"您是相国,国家大事由你掌管。你虽说跑了,可是还没有离开本国的地界,相国的大权还在您手里。要是您不允许赵穿那么办,那么您回来以后,为什么不把凶手判罪呢?"赵盾觉得自己理亏了。凭良心说,灵公早就该杀了。赵家杀了他,人人痛快,就连赵盾也直点头,要他负担这罪名,真有点太过份了。明明是别人干的事,却叫他背黑锅!他想:也许大人物免不了要任劳任怨。所以他叹了一口气,说"完了也就完了!我只要于心无愧就是了。"

人生箴言

洛阳亲友如相问,一片冰心在玉壶。
——王昌龄《芙蓉楼送辛渐》。

成长启示

如果在洛阳的亲戚朋友问到我的情况,请你转告他们,我这颗光明的心,就像放在了玉制的壶里的冰块那样,晶莹透明、清澈无暇。

齐国晋国鞍之战

春秋时代,齐国和晋国是当时两个强盛的国家。有一次,强大的齐国攻打弱小的鲁国。魏国派兵援救鲁国,结果被齐国打败了。在这种情况下,鲁、魏两国共同请求晋国援助。于是,公元前589年,齐、晋双方在齐国的鞍地列阵交战,爆发了历史上著名的齐晋鞍地之战。

齐国和晋国双方的军队在鞍地列起战阵,互相对峙。齐军方面,大夫邴夏给齐顷公(齐属侯爵,称作齐侯)驾车,齐国另一个大夫逢丑父立于车的右边保卫。晋军方面,晋大夫郤克(又叫郤献子)是这次战役的主帅,晋国大臣解张(又称张侯)给郤克驾车,晋国另一个大臣郑丘缓站在车的右边保卫。齐顷公狠狠地说:"我先把敌人消灭了再去吃早饭!"他等不及给战马披上防护甲便迅疾下令冲进晋军阵地。在激烈的战斗中,晋军主帅郤克中箭负伤,鲜血直流到鞋子上,但他仍然不停地擂动战鼓,只是轻轻地说了一声:"我受伤了!"解张却说:"战斗刚一开始,我的手和肘就被箭射穿了。我把箭折断,继续驾车,左边的车轮子都被鲜血染成了深红色。但我哪里敢说负伤?你还是忍耐忍耐吧!"郑丘缓插话说:"交战之后,但凡碰到难走的地方,我总是下来用手推着车子前进,郤克你哪里知道呢?不过,你也确实受伤了。"这时,解张又说:"我们整个军队的行动,都以中军的旗帜和鼓声为进退的信号。在我们这辆车上,只要一个人坐镇指挥好了,全军就可以打胜仗,怎么能因为受了点伤就耽误国家的大事呢？一旦我们穿上铠甲，操起武器，就是随时准备捐躯战场的。如今只是负了伤，并没有丧命，请你继续努力吧！"说着，解张用左手抓住缰绳驾车，腾出右手，从郤克手里拿过鼓槌，起劲地擂起战鼓。战马吃惊，拼命地奔跑起来，径直冲入，难以遏止。晋军跟着主帅战车冲锋陷阵，大败齐军。齐军兵车倾覆，人仰马翻，狼狈逃走。晋军乘胜追击，围着华不注山兜了三圈儿，将齐军歼灭，晋军大获全胜。

人生箴言

白手起家，勿在他人脚跟下凑泊。

——王时槐《论学书·答以济》。

成长启示

自己从一无所有开始创业，不要总是跟随别人停滞不前。

鞭尸三百报杀父兄之仇

战国时,楚国国君楚平王的太子建有两个先生,一个叫伍奢,一个叫费无忌。费无忌曾替太子建到秦国去接秦女来结婚,接来以后,费无忌见秦女美丽动人,便怂恿楚平王收之为妃子。费无忌虽然因此取得了楚平王的欢心和宠信,但由于怕将来平王死了太子建继位以后对自己不利,便在平王面前诽谤太子建。楚平王听信了费无忌的谗言,便把太子建调到城父守边疆去了。

即使这样,费无忌依然不放心,又继续造谣说太子建在城父想兴兵作乱。楚平王便把伍奢叫来询问此事,伍奢指出这是费无忌造谣。昏庸的楚平王不但不听伍奢的劝告,反而继续听信费无忌的谗言,囚禁了伍奢,并派奋阳去城父杀太子建。奋阳通知了太子建,太子建逃到宋国去了。楚平王和费无忌没能杀害太子建,便加倍迫害伍奢,骗杀了伍奢的儿子伍尚。伍奢的另一个儿子伍员(即伍子胥)被迫逃往吴国。

十多年过去了,伍子胥帮助吴王阖闾打败了楚国。这时,楚平王已经死了,伍子胥怀着杀父杀兄之仇,掘坟开棺,将平王的尸体鞭打了三百下。伍子胥有个老朋友叫申包胥,得知此事情后,便写了一封信责备他做得太过分了。信中说道:“你这样来报仇,太过分了。我听说,人的主观意志虽然可以以一时的凶暴胜天,但到老天爷发怒的时候,你也会得到报应的。”

人生箴言

不登峻岭,不知天之高;不瞰深谷,不知地之厚也。

——刘昼《刘子·崇学》。

成长启示

不攀登高山,不知道天的高远;不俯视深谷,不知道地的深厚。

万死一生

唐太宗李世民帮助父亲唐高祖李渊，打下天下，这个征战的过程是很艰苦的。隋朝末年，义军在全国各地风起云涌，李渊奉旨到山西、河东，充抚慰大使，他的任务就是镇压起义军。李世民那时才十八岁，便参加对起义军的作战了。他们称起义军是"群盗"，这些"盗贼"虽被疯狂镇压，但越镇压越反抗，渐渐的从分散而集中，并在李密、窦建德、杜伏威以及孟海公领导下，对隋朝军队开始了强大的反攻，黄河下游及江淮间广大的地区，几乎全被义军控制住了。留守在太原的李渊，虽是隋朝的官员，并非亲信，隋炀帝杨广还派人在太原监视他的行动。

李世民看了天下大势，劝父亲说："现今盗贼一天天多起来，到处都是，您奉诏讨贼能讨得尽吗？您讨不尽还是有罪的。"李世民就这样日夜在父亲面前怂恿，要父亲起兵自立。李渊终被这个儿子说动，就拉拢豪强地主，在太原起兵。

这时隋朝已经是满目疮痍，到处都有义军活动。而罗艺、薛举、李轨、刘武周这些人，眼看隋朝大势已去，也纷纷自立。

李世民认清了他与义军为敌是有百害而无一利的，于是从镇压转而利用拉拢义军。隋炀帝这时已在扬州被他的亲信宇文化及等谋杀，隋朝随即覆亡了。于是李世民展开统一战争，首先，李世民击败了薛仁杲（薛举的儿子），控制了整个的陇东地区，接着又打败了刘武周等人。

李世民父子的政权,在王世充、窦建德两个集团溃灭后,更加巩固了。紧接下来是剿灭刘黑达所领导的义军和防御突厥颉利可汗。李世民统一的愿望终于达到了,他能知人善用,在他做秦王的时候,他的秦王府里,都是些杰出的人物,如尉迟敬德、秦叔宝、张亮、李靖、李勣,再加上房玄龄、杜如晦等。李世民和这些人出生人死,身经百战,才平定天下。

后来李世民玄武门政变,他的哥哥太子建成、弟弟齐王元吉都死了。秦王李世民不久就接替了皇位,于是成为贞观皇帝,也就是后世的唐太宗。

人生箴言

富贵必从勤苦得,男儿须读五车书。

　　　　　　　　　　　　　　——杜甫《柏学士茅居》。

成长启示

欲求富贵,必经勤奋刻苦,好男儿当饱读诗书以阔胸怀。

布疑惑敌

　　河间王李孝恭，是唐高祖李渊堂兄的儿子。高祖攻克京城长安，拜李孝恭为左光禄大夫，不久又任命他为山南道招慰大使。李孝恭颇善用智，到了巴、蜀两地，以礼招抚，有三十多个州相继降服。击败并俘获朱奖之后，众将都说："这是个吃人肉的贼寇，害人极多，请把他活埋。"李孝恭劝阻众将说："从此处往东，都是贼寇控制区，他们若听说处死了朱奖，谁还肯来投降呢？"李孝恭将捉到的人全都赦免不杀，因此，劝降公文所至的州县，官吏相继投降。

　　武德二年（619 年），高祖授予李孝恭信州总管。当时萧铣占据江陵，李孝恭向高祖献平定萧铣的计策，高祖很赞赏并采纳了他的计策。

　　武德三年（620 年），李孝恭进爵为王，信州改名为夔州（治所在今四川奉节县东），李孝恭仍任该州总管。李孝恭命令部下大规模地建造战船，演习水战，以便在条件具备时谋取萧铣。李孝恭召集巴（今四川重庆）、蜀（今四川成都）两郡行政长官的子弟，量才而用，授以官职，把他们安排为自己部下，表面上是提拔他们，实际上是把他们当做人质。

　　不久，朝廷任命李孝恭为荆湘道行军总管，统领水军、陆军的十二个总管，从硖州（今湖北宜昌）出发，向江陵（今湖北江陵县）进军，攻打江陵的水城。攻陷江陵水城之后，李孝恭命令把所缴获的船只散放在长江中，任其顺水漂流而下。众将都说："敌人得到这些船,必定取来使用。我们为什么把这些船抛弃? 这不是帮助敌人了吗?"李孝恭说:"不是这样,萧铣所管辖的地域,南到岭外(五岭以南),东到洞庭湖。如果我们攻城求克,敌人的援兵又到,我们就是腹背受敌,进退无路。到那时,即使有船只又有什么用呢? 现在萧铣所辖的沿江的州镇,忽见战船乱纷纷地顺流而下,必定认为萧铣已经战败,才不敢贸然进兵。他们派人往来侦察情况,一耽搁就是十天、半月,用这种方法拖延敌人救兵到来的时间,到那时,我们必定已打败萧铣了。"果然不出李孝恭所料,萧铣的救兵到了巴陵(今湖南岳阳),见到战船纷乱地顺水漂流而下,果然深怀疑虑,不敢轻易进兵。当时萧铣已经处在与外界隔绝的境地,不得已而出城投降。

高祖闻讯,非常高兴,拜李孝恭为荆州大总管,派画工给他画像,送回京城长安让高祖看,以解思念之情。

人生箴言

无贵无贱,无长无少,道之所存,师之所存也。

——韩愈《师说》。

成长启示

没有贵贱老少的分别,道理所在就是我老师所在。

革命的思想者孙中山

1925 年 3 月 12 日 9 时 25 分,北京西城铁狮子胡同 5 号,一个伟大的心脏停止了跳动。群山为之哀悼,江河为之哭泣。他就是中国民主革命的伟大先行者孙中山。

孙中山(1866～1925 年),本名文,字德明,号日新,后改号逸仙,出生于广东香山县(今中山市)翠亨村一个贫苦农民的家庭里。"中山"一名是由其后来在日本进行革命活动时,曾化名"中山樵"(意喻自己是在中国山林中披荆斩棘的樵夫)而得来的。幼年的孙中山,干过打柴、插秧等农活,也在本村的私塾念过书。1878 年,十二岁的孙中山被生活的浪头推到了异国他乡的檀香山,投靠早在那里的大哥。在檀香山,孙中山进了教会学校读书,接触到了西方的人文科学和自然科学。1883 年,他回到了阔别五年的故乡。然而,黑暗的社会迫使他再次离乡背井,去香港学医,并取得优异的成绩。他先后在澳门、广州行医,颇有声誉。然而,社会现实告诉他:医生的医术再高明,也不能救治苦难深重的祖国。于是,孙中山毅然弃医从政。1894 年冬,孙中山重返檀香山,组织了中国资产阶级的第一个革命团体——兴中会。从此,他在革命的道路上不断奋进,尽管屡受挫折和失败,也从不灰心。

在革命的实践中,他明确地提出了旧民主革命的纲领三民主义:民族主义、民权主义、民生主义。民族主义,即推翻少数满洲贵族统治,建立各民族平等的"民族国家";民权主义,即推翻封建君主专制的政体,建立民主共和国;民生主义,即反对少数富人专利,实行平均地权,发展实业,以使民富国强。1911年辛亥革命胜利后,孙中山就任中华民国临时大总统。但辛亥革命的果实很快为袁世凯所窃取。孙中山一方面坚持自己民主革命的理想,反对袁世凯的倒行逆施;另一方面对自己的革命实践进行思想总结。其成果就是用两年时间写成的《建国方略》。

作为思想家的孙中山,其贡献在于为中国旧民主主义革命作出了卓越的理论总结。

这一理论总结是以进化论世界观为基础的。孙中山把进化论作为基本出发点,认为宇宙万物的进化发展可分为三个时期:"其一为物质进化之时期",即由物质性的"以太"("星云")经过不断运动、变化,发展成为地球及其所属的太阳系等各种天体;"其二为物种进化之时期",即生物进化阶段,简单地说,在地球产生后,无机物质经过漫长的进化过程,产生了有机物"生元"(细胞),由"生元"演变并构成植物和动物,最后演化成人;"其三为人类进化之时期",即人类社会的进化发展。把进化论从自然领域推进到社会历史领域,用以解决中国向何处去的中心课题。

孙中山的历史进化论既不是照搬西方社会达尔文主义,把"物竞天择"原则看成是人类社会进化的普遍原则;也反对改良派把社会进化看成是"拾级而上"、"断难躐等"的"循序渐进"过程。而是认为人类社会的进化是不可抗拒的世界潮流,"世界的潮流,由神权流到君权,由君权流到民权;现在流到了民权,便没有方法可以反抗"。并且认为只要"顺乎天理,应乎人情,适乎世界之潮流,合乎人群之需要",把遵循历史进化规律和发挥人的能动作用结合起来,就一定能够"迎头赶上"、"突驾"日本,超过英国。从根本上打破了改良派的庸俗进化论,意识到历史发展过程中的质变、飞跃,表现出革命的乐观主义态度。

孙中山的进化论虽然把历史发展的动力归结于人类求生存的欲望和心理,本质上是一种唯心史观,但是他从致力革命30余年的经验教训中,深切地感到这种心理并不是某些英雄人物的个人心理,而是符合和代表了历史发展趋势的"万众之心"。他说:"一国之趋势,为万众之心理所造成。若其势已成,则断非一二因利乘便之人之智力所可转移也。"反映了他的历史进化论比较重视人民的力量。

历史进化发展既然是不可抗拒的潮流,那么,千流归海,人类社会发展的最高目标是什么呢?为此,孙中山提出了他的理想社会的学说。起初,孙中山的理想社会学说是以林肯的"民有、民治、民享"为主要内容。后来又认为这和共产主义是一致的。他说:"我们不能说共产主义与民主主义不同。我们三民主义的意思,就是民有、民治、民享。这个民有、民治、民享的意思,就是国家是人民的共有,政治是人民的共管,利益是人民的共享,照这样的说法,人民对于国家,不只是共产,什么事都是可以共的。……这就是孔子所希望的大同世界。"他在这里把原始共产主义的大同观念、资产阶级的民主主义和无产阶级的社会主义三者混为一谈,是不科学的。但重要的是,它反映了革命者的社会理想正随着革命形势的发展而逐步从民主主义向社会主义转变的事实。

要实现社会理想,就要有为理想而奋斗的高尚人格。这种高尚的人格在孙中山看来,就是要用人性克服兽性,用"利人"取代

"利己","以服务为目的"取代"以夺取为目的"。具体表现在人生观上,就是要"替众人服务",立志做大事而不可立志做大官。这对于改造国民性、克服封建官僚和市侩气息,具有重大进步意义。

针对辛亥革命失败后,革命派内部众说纷纭,思想混乱的状况,为了正本清源,"破革命党人之心理大敌,而出国人之思想于迷津",孙中山花费了巨大的心血,探讨了认识论问题,提出了"知难行易"的"孙文学说"。

孙中山首先从"名实"、"形神"两个方面阐明了心物关系这一认识论的基本问题。他说:"宇宙间的道理,都是先有事实,然后才发生言论。"明确肯定了事物对于名言的在先性。他又说:"中国学者亦恒言有体有用。何为体?即物质。何为用?即精神。譬如人之一身,五官百骸皆为体,属于物质;其能言语动作者,即为用,由人之精神为之。二者相辅,不可分离。"用"体用"关系基本正确地解决了"形神"之辩。在此基础上,孙中山进一步探讨了知行及其关系。他说:"夫习练也,试验也,探索也,冒险也。这四事者,乃文明之动机也。生徒之习练也,即行其所不知以达其欲能也;科学家之试验也,即行其所不知以致其所知也;探索家之探索也,即行其所不知以求其发见也;伟人杰士之冒险也,即行其所不知以建其功业也。"不仅肯定了行先于知,而且发展了章太炎"革命开民智"的思想,有了科学实践观的初步萌芽。在知行关系上,孙中山一方面强调人类文明皆发轫于不知而行,行而后知;另一方面也强调人类获得科学认识之后,可以按照科学逻辑去获得新经验,求得新知识,基本正确地解决了知行关系。

孙中山还探讨了从科学认识到实践的具体环节问题,认为人们首先要根据科学理论,运用想象力,勾画出未来的蓝图,作为行动的目标;为了实现这个蓝图,还必须准备必要条件,经历若干步骤;最后具体地制定出实施计划,按计划采取措施,努力使理想得到实现。

孙中山"知难行易"的学说是为了适应革命斗争的需要,破除革命党人心理大敌而提出的,其中尽管有割裂理论与经验,"分知分行"的倾向,但总体上是基本正确的,确实也起到了破除传统"知易行难"、"知行合一"的精神束缚,振奋革命党人士气,鼓舞斗志的作用。

1917年,俄国十月革命一声炮响,震撼了整个世界。在十月革命的影响下,1919年"五四"运动爆发,1921年中国共产党成立。这些给孙中山带来了新的希望。他真诚地欢迎十月革命,热情赞扬"五四"运动,并为新生的中国共产党对他所进行的正义事业的支持而深深感动,从而促使他的思想发展到一个新的高度。

1923年1月,孙中山发表了《中国国民党宣言》,强调"今日革命则立于民众之地位,而为之响导",革命事业"由民众发之,由民众成之"。不久又发表了《孙文越飞宣言》,认为"可以俄国援助为依赖也"。1924年1月,孙中山在共产国际和中国共产党的帮助下,冲破层层阻力,在广州召开了中国国民党第一次全国代表大会,确定了联俄、联共、扶助农工的三大政策,并重释"三民主义",把"旧三民主义"发展为"新三民主义"。

孙中山的一生是不断革命的一生,他的思想也随着历史的潮流而不断发展。即使到了生命的最后一刻,他仍然念念不忘中华民族的独立、富强,发出了"革命尚未成功,同志仍须努力"的号召。

人生箴言

> 读书患不多,思义患不明。患足己不学,既学患不行。
>
> ——韩愈《赠别元十八协律六首》。

成长启示

> 读书怕读得不多,思考道理怕不明白。怕自以为足够了不再学,既然学了又怕不继续。

恭亲王奕䜣跌宕的一生

牢落天涯客,伤哉志未申。

独醒空感世,直道不容身。

忠荩遗骚雅,高风向楚滨。

怀沙数行泪,饮恨汨罗津。

这是恭亲王奕䜣在二十多岁时写的一首题为《读屈原传》的五

律,他借诗对屈原因众人皆睡他独醒的卓尔不群而遭人妒、致人恶,最终饮恨投江自尽的悲惨结局表示深切的同情,同时抒发自己在英法联军入侵的形势下,将仿效屈原忠君爱国,努力抗击外侮的满腔豪情。可他万万没想到,他对屈原壮志未酬身先死的感伤,竟如谶语一般,后来应验在他的身上。虽然他的境遇比屈原好得多,但是也有未能大展鸿图、一抒平生志的慨叹。

奕䜣(1833－1898年),爱新觉罗氏,道光帝第六子,自号鉴园主人,又号乐道主人。曾身膺议政王、首席军机大臣、总理衙门大臣等职,其政治生涯三起三落,在晚清政治舞台上是个声名赫赫而又富有传奇色彩的关键人物。

他自幼聪明伶俐,颇得道光皇帝宠爱,经过一番严格的宫廷教育,奕䜣不仅对传统的儒家学说耳熟能详,如数家珍,而且颇有文学造诣,能写得一手好诗文。这在他撰写的《乐道堂诗文钞》和《萃锦吟》中可见一斑。除了学文,奕䜣还继承满族的尚武传统,认真习艺,不仅骑射功夫精湛,而且熟稔刀枪等武器的技法,并能够有所突破、创新。他曾同奕詝(即后来的咸丰帝)共创枪法二十八势、刀法十八势。道光帝欣喜之余,赐枪法名曰"棣华协力",刀法名曰"宝锷宣威",并以白虹宝刀赏赐奕䜣,表示钟爱和寄予厚望。

咸丰即位后,遵照父皇遗诏,封奕䜣为恭亲王。1853年,面对发展迅速、势如破竹的太平军,奕䜣提出防止农民起义酿成燎原之势的一揽子建议。颇具说服力和可行性。终日以醇酒妇人消愁的咸丰帝阅后,龙颜大悦,当即封他为正白旗领侍卫内大臣,不久又命他在军机大臣上行走,时常召来议事。这样,年仅二十岁的奕䜣在咸丰帝的提拔下,开始登上晚清政治舞台,成为清王朝最高统治集团的主要成员之一。可是,好景不长。没多久,咸丰帝因一件小事对奕䜣由猜疑而忌恨,遂解除奕䜣的全部职务。对年轻的奕䜣来说。骤膺重任又遽遭罢斥,不啻是个沉重的打击,但他并未因此销声匿迹。他蛰伏在家,伺机卷土重来。

1860年,英法联军入侵北京,咸丰帝仓皇逃往热河。临逃前,他授予奕䜣钦差便宜行事全权大臣,与英法联军议和,企图藉此拖延时间,作为缓冲,以部署兵力进行最后一搏。留守北京期间,奕䜣耳闻目睹清军毫无斗志、一触即溃的现象,遂改变了以前坚决抗击外敌的立场,准备向英法妥协,保证京师重地的安全。虽然未能如愿,但在文祥的协助下,与英法签订《北京条约》,很快退走了敌军。这使得奕䜣声名雀起,威望大增。但是更重要的是,他趁此良机成功地把一批留守京城的文武官员团结在自己周围,形成一个以他为首,以桂良、文祥等为核心的政治集团。这个集团不久便迅速崛起,成为著名的洋务集团,在晚清政坛上处于举足轻重的地位。

随着与外国侵略者接触交往的增多,奕䜣开始改变以往那种鄙视、恐惧的态度,逐渐打消心中的疑虑,认为列强侵华仅仅是志在通商,力争体面,并不对大清朝构成威胁,若能示以诚信,则尚易羁縻。在当时的统治阶级中,持这种认识的并非少数,而是大有人在。1861年初,奕䜣文祥、桂良在这种认识的基础上,联衔条陈《统筹全局折》,回顾道光20年以来外祸之患及和约签订的经过,得出结论:洋人来华的目的只是通商谋利,并不掠夺我土地,侵灭我国家,践踏我人民;他们尊重条约,处处以之为据。可以用信义、允诺加以笼络、驯服。与当前的太平军、捻军相比,后者是心腹之害,前者只是肘腋之忧、肢体之患。因此，为今之计应以和好为权宜，先安内后攘外，采取先灭发捻，后治俄英的战略目标。

为了达到这个目标，奕䜣等认真分析形势，达成"今日之御夷，譬如蜀之待吴"的共识，主张应该联合列强镇压农民起义军，并制订了"外敦信睦，隐示羁縻"的外交方针。从贯彻这一方针的考虑出发，奕䜣等提出在北京设立总理各国事务衙门，办理外交通商事宜，以取信外人，了解夷情。这得到了咸丰帝的恩准。总理衙门的设立，标志着中国传统对外关系的终结，新的半封建半殖民地社会对外关系的开始。这在中国外交史上是一大进步，反映出奕䜣等面向世界、认识世界的决心。此外，奕䜣还提出"借师助剿"的主张，因得不到首肯而没有付诸行动。

在《统筹全局折》中，奕䜣等还提出内政建设方面的策略，那就是"自图振兴"的长远之计。从战争中，奕䜣认识到西方坚船利炮的威力，深感中国武备之废弛落后，产生了向西方引进、学习的想法。他要求咸丰帝允许曾国藩等在上海设局制造枪炮，并在《奏请八旗禁军训练枪炮片》中，再次加以强调，把练兵、制器看成是自强的前提条件。这两个文件相互补充，构成包括内政、外交、军事诸方面的方针、政策和策略的全套纲领，是奕䜣兴办洋务的基本思想。从此，在奕䜣这套纲领的指导下，晚清掀起了一场轰轰烈烈的洋务运动，逐渐步入资本主义近代化的轨道。

1861年8月，咸丰帝病逝，其子载淳即位，这就是同治帝。由于载淳年仅六岁，遗命肃顺、端华、载垣等八位顾命大臣辅政。奕䜣位跻亲王，才干功业具备，却未列赞襄，颇令人感到意外。特别是奕䜣集团成员更加困惑不解，他们不甘心面对这种残酷的现实，遂联合其他王公大臣,行动起来,出谋划策,极力为恭亲王争取权柄。而早有政治野心的慈禧太后,也无法忍受八大臣的颐指气使,想伺机除去他们。为着共同的目的,奕䜣、慈禧叔嫂一拍即合,联手夺权。11月2日,酝酿已久的政变发生,并取得成功。这就是历史上著名的"辛酉政变"(也称"北京政变")。

政变的第二天,论功行赏,奕䜣被授为议政王,在军机处行走。如此殊荣,在清代历史上是前所未有的先例。不久,奕䜣又受命掌管总理衙门、内务府、宗人府等要害部门。这般慷慨的封赏,使奕䜣声名显赫,威权倍增,俨然成为一位万人瞩目、一手遮天的人物。但实际上,最高决策权掌握在慈禧太后手里,奕䜣作为政府行政首脑,仅处于"辅政"的地位,只能在慈禧太后的允许范围内行使所拥有的权力。这就是慈禧、奕䜣分享政变果实而达到的最终默契,也就是历史上所谓亲王辅政、太后垂帘的真正内涵。

奕䜣担任议政王期间,慈禧因缺乏政治经验,只好借助奕䜣维系内外,力扶危局,因此这段时间是奕䜣一生中政治上最得势的时期。他竭尽所能施展手脚,进行一番治国平天下的大业,频频推出一套套筹划多年的治理国政举措:首先,遵从祖制,任命自己的几个弟弟担任要职,攫取实权,以团结近支皇族宗室,加强对京中八旗的控制,利于自己施政行动。其次,改组军机处,控制中枢机关,将政变前的原军机处大臣、除文祥外全部罢黜。代之以自己集团的成员。第三,仿效文庆、肃顺的做法,果断地重用曾国藩、胡林翼等汉族官员,并利用他们去镇压太平天国起义。他还大胆"借师助剿",请列强出兵帮助剿灭发捻。这种双管齐下的办法,果然奏效。不久,纵横驰骋达14年之久的太平天国运动便被扑灭了。第四,对外方面,奕䜣不轻易得罪列强,竭力维持一种中外和好的局面。他采取"以和好为权宜,战守为实事"的外交策略,尽量做到既能取悦于列强,又不致过分损害国家主权和利益。这使当时的中国能够处在和平稳定的国际环境下,进行内政改革和经济建设。因此,奕䜣颇受西方外交官好评,被称为实行政策方面机灵而又多才多艺的政治家和外交家。第五,奕䜣更致力于推行自强新政的洋务运动。他不仅提出一系列具体富国强兵的措施,促使洋务运动向纵深发展,而且还鼓励地方学习外国的坚船利炮,兴办各种工业、企业,扩大洋务运动的波及范围。另外,他还主持编练第一支近代陆军,组建第一支海军舰队,开办第一所近代学校,派遣第一个出外考察团,奠定第一期海军的基础,推动中国近代化系统工程的建设。凡此种种,多少将晚清中国引上资本主义近代化轨道,促成"同治中兴"局面的出现。而作为中国近代化运动的倡导者和设计师,奕䜣也博得一片喝彩,声誉日隆,威名远扬,被誉为"贤王"。

这一切被权欲熏心的慈禧太后看在眼里,急上心头。她对奕䜣恩礼有加,非出于至诚,乃是利用奕䜣熟练的政治手腕和众望所归的威信来替她撑持大局。当奕䜣把持朝中大权,纵横捭阖,威权、名声如日中天时,慈禧清醒地意识到要警惕奕䜣的所作所为,防止他势力扩大,再演八大臣擅政专权的一幕。于是,她每每发出谕旨,委婉警告奕䜣不要结党营私、专权舞弊。但是生性豁达、不拘小节的奕䜣,仍然我行我素,言语行动不加检点,甚或恃功自矜,遇事流于专横。这难免被人望渐孚、已经成熟老练的慈禧轻易抓住把柄,加以惩抑。1865年,编修蔡寿祺上疏弹劾奕䜣揽权、纳贿、徇私、骄盈、用人不当等种种罪状,慈禧趁此良机下令革去奕䜣的一切差使。在诸大臣的百般求情下,慈禧才宽容地宣布恭亲王著即加恩在内廷行走,仍管总理衙门事务。但实际上奕䜣被革去议政王大臣及军机大臣职务,不能进入中枢机关参与国家机密。这么折辱奕䜣之后,慈禧还感到不满足,特意召见奕䜣,面加训诫,直弄得奕䜣伏地痛哭谢罪才罢休。不久,慈禧又发布谕旨,宣称恭亲王引咎自责,颇思悔改,令其仍在军机大臣上行走。奕䜣虽仍被命入中枢机关,但议政王的尊称一去不复返了,其名望地位较前大为逊色。经此打击后,奕䜣才猛然醒悟,意识到自己在清王朝的位置,从此像管家和主妇一般,小心翼翼地服侍慈禧。

19世纪60年代后,随着农民起义的渐次剿灭,清廷上下喜气洋洋,额手相庆,呈现出一派歌舞升平的景象。奕䜣对这些深感忧虑,遂与奕譞等提出畏天命、遵祖制、慎言动、纳谏章、重库款、勤学问等六条谏议,希望同治帝自尊自爱,不要为一时的胜利冲昏头脑,特别在重库款条中,奕䜣等针对国库空虚、财政困难的现状,对同治帝重修圆明园的行动进行委婉劝说。同治阅后,龙颜大怒,将奕䜣降为郡王,仍在军机大臣上行走。翌日,慈禧却亲自出面加恩赏还亲王衔,并警告他要益加谨慎,听从朝廷训诫。慈禧母子合演的这出闹剧,使奕䜣的地位更加削弱,逐渐从政治权力的顶峰上跌落下来。遭受多次折辱后,奕䜣锋芒大挫,锐气遽减,开始变得因循保守,思想退化,完全失去年轻时那种果敢坚毅、叱咤风云的神采。

19世纪70年代开始,世界资本主义国家逐渐从自由资本主义向垄断资本主义过渡,其侵华政策也随之发生变化,由直接攻打中国沿海地区,诈取不平等的优惠条件政策转为侵占中国的周边国家和属国,进而觊觎中国边疆地区的政策。这使得中国发生了普遍的边疆危机。清政府顾此失彼,穷于应付,陷入处处被动挨打的困境。素以略知外情,长于外交著称的奕䜣,面对新形势新问题,仅在内政、军事方面作出一些反应,而在外交方面则应变乏术,缺少新招,渐次走上对外妥协求和的道路。日本的挑衅、英国的讹诈、俄国的恫吓,皆令他胆战心惊,惶恐不安,急忙忍气吞声地接受对方的苛刻要求来换取和局。奕䜣所推行的"羁縻"政策至此陷入了晃荡不能立足的境地。然而,奕䜣在旧外交方针失灵后,并不矢意探究合理有效的新对策,仍然一味因循固守老方法,这就不可避免地构患清王朝,并造成自己罢官家居的可悲下场。

1883 年,法国悍然扩大侵越战争,并调兵遣将进攻驻扎越南的中国军队。面对法军的猖狂进逼。以奕䜣为首的军机处惧怕法军的武力优势,没有抵抗的决心,以致步调纷乱,举棋不定,贻误了许多有利时机,导致前线连连失利,节节败退。消息传到北京后,舆论哗然,清议纷起,弹劾不断。慈禧立即借机解散军机处,组成新军机处,轻而易举地把奕䜣集团从清廷的权力中枢中排挤出去,并宣布罢免奕䜣一切职务,让他居家养疾。脱离宦海浮沉、风波迭起的政治生涯后,奕䜣便以黎民百姓自居,将恭王府变为寻常百姓家。从此,他弄古玩,习碑帖,游山玩水,吟诗作词,聊以打发岁月,消磨时光。

1894 年,清军在中日甲午战争中连吃败仗,惨遭打击。在舆论的呼吁下,奕䜣被重新起用,委以重任,但此时的奕䜣暮气沉沉、锋芒挫尽,非但没能力挽狂澜,反而加快了与日本妥协求和的步伐,使积极主战的光绪帝大为失望,顿足痛恨不已。战后,奕䜣从维护清王朝的统治出发,也曾费尽心机,提出一些诸如修筑铁路、设立工厂、兴办学堂、讲求商务等自强措施。实际上,这些基本上没有超出洋务运动的范围,说明奕䜣的思想认识水平历经20多年后,仍然没有进步。他变得落伍退后,跟不上时代前进步伐。尤其当维新变法思潮鼓荡而来时,他逆流而动,竭力反对、阻挠光绪帝的变法维新举措;强烈要求光绪帝遵守旧制,勿违祖宗成法。这说明奕䜣已蜕化为一个彻头彻尾的守旧人物。

1898年5月29日,曾经显赫一时的风云人物奕䜣在府中病逝。消息传出后,朝廷上下,一片叹息。因为位尊功显、威望日隆的恭亲王一死,清王朝这艘迷失航向、行将沉海的破船将更因乏人修隙补洞而加快葬身鱼腹的速度。果不其然,奕䜣死后仅十三年,大清王朝便寿终正寝了。

文武全才的奕䜣本有希望继承帝位,君临天下,却因储位之争失败,而屈居人臣,受尽宦海浮沉之苦。他虽然不乏治国之术,有意维持爱新觉罗氏万世一系的统治,却往往因掣肘甚多,不能一一实施,徒使拳拳苦心付诸东流。这不能不令人掬泪同情、扼腕叹息,而感慨历史的无情、时代的残酷。

人生箴言

强学力行。

——韩愈《后十九日复上宰相书》。

成长启示

> 刻苦学习,努力实践。

力赞维新变法的陈宝箴

甲午战争失败后,不甘做亡国之君的光绪帝决心奋力图强,挽救危局。在维新思潮的激荡下,他鼓足勇气罢黜守旧大臣,启用维新人士,颁布一系列新政措施,开展轰轰烈烈的戊戌变法运动。但是,这种进步举措在中央得不到多数部院堂官的赞同,在地方封疆大吏中更是应者寥寥。

陈宝箴(1831～1900年),字右铭,江西义宁人。咸丰元年举人。当时洪秀全发动金田起义,队伍不断发展壮大,进展十分迅速。陈宝箴遂随同父亲陈伟琳创办乡团,参加抵挡太平军的活动。陈伟琳死后,陈宝箴继承父业,率领州人坚持抗击太平军。后来,陈宝箴赴北京应考,结果名落孙山。逗留北京期间,他与文人雅士相往来,特别与易佩绅交善。英法联军攻陷北京时,陈宝箴条陈防守六事上枢府,帮助解决通州米仓的粮食转移等问题。

易佩绅在湖南巡抚骆秉章的聘用下,招兵买马,组织果健营,驻于来凤、龙山间。陈宝箴应邀至湖南,为果健营办理粮秣事宜。不久,他去安庆,游曾国藩戎幕,曾引为上客,誉之为"海内奇士",

有意留用为参谋。但他欲亲历家乡战事，遂投奔江西席宝田军。途中，陈宝箴看到饿殍遍野，非常痛心。乃上书江西巡抚沈葆桢，具陈目睹惨状，沈受到感动，下令拨款赈济饥民。席宝田得陈宝箴的帮助后，如虎添翼，屡用奇策打败太平军。但是孤军作战，难免势单力薄。陈宝箴往谒与席宝田素不相能的沈葆桢，争取到五营援兵，壮大了席军的队伍，加强战斗力。1864 年，在陈宝箴的严密部署下，席宝田军一举歼灭刚刚逃出天京的太平天国幼王洪天贵福的军队。事后，席宝田为陈叙功保知府。不久，陈宝箴以知府发湖南候补。时恰值贵州苗乱，他被改派往贵州协助平定苗乱。乱平，陈宝箴稳妥、成功地处理了善后工作，再次以功擢升为道员，充营务处。在苗族地区。陈宝箴通过立团规、族规，解决了当地长期存在的一些社会问题；通过教导苗民植茶种树，食用薯丝，定程度上改善了苗民的生活状况。

1881 年，陈宝箴授河北道，颇有治绩。任三年，官吏守职，奸邪敛迹。期间，还创设致用精舍，遴取三府秀异人才入学，使河北学风为之一变。1890 年，他被任命为湖北按察使，旋改布政使。翌年，赏加头品顶戴。湖北任上，陈宝箴澄明吏治，消灭了长期以来构难湖北百姓的拐卖妇女现象，还富有创意地集中轻罪犯人，教以工艺，给他们一种维持生活的本领，从而能够改过自新。1894 年，中日战争爆发，陈宝箴迁调直隶布政使。光绪皇帝特意召见他询问战守方略，他建议皇上日读圣祖御纂《周易》数则，认为必定有所裨益。不久，他上畿防诸事宜，谋划京师的安全问题。《马关条约》签字的消息传来后，陈宝箴愤慨至极，悲叹国将不国，严词痛骂前往日本议和的李鸿章，公开宣称不愿与他共事，如果李鸿章继任直隶总督,他将坚决辞官归里,义无反顾。

同年 8 月,陈宝箴升任湖南巡抚。他意识到国势衰微到如此地步,非扫除弊政,无以图存。遂决心在湖南一隅苦心经营,奠定富强根基,以备国家他日凭恃。上任伊始,适逢湖南二十多州县遭受严重旱灾,陈宝箴立即采取措施禁止大米运出省外,并向社会各界筹款赈济灾民。于是,人心稍定,局势转安。在此基础上,他大刀阔斧地实施改革,力求除旧布新。

吏治不清,新政难行。陈宝箴考察了全省各府州县官吏,铁面无私地罢免二十多位声名恶劣、贪污渎职的官员。另外设立课吏馆,对不称职的官吏进行集中培训,教以造士育才、务财训农、劝工实业的方法,还将视变法开新为己任的按察使黄遵宪、学政张标及其后任徐仁铸等结在自己的周围,形成一个志同道合、上下齐心的改革班子。

陈宝箴认为兴筑铁路,利国利民,为中国富强要务。因此,他劝导湘民积极支持、配合粤汉铁路的修建。并批准成立长沙轮船公司、长沙化学制造公司、长沙水利局、蚕桑局等以分洋商之利;在岳州设立通商艺学馆,浏阳设立茶务学堂,培养商业人才;创办矿务局、电信局、枪炮局等,开展各项新式事业等等,湖南省貌由此为之一新。

陈宝箴还指出国势之强弱,系于人才;人才之优劣,在于学校。因此,他主张废除腐朽的科举制度,兴办新式学堂,以培养出具有近代科学文化知识的人才。在他的赞助下,谭嗣同于长沙创办时务学堂。开学的那天,陈宝箴亲临演讲祝贺,给予鼓励。这之后,湖南的武备学堂、算学堂等专门学堂相继开办,同时各州县也纷纷兴起办学之风。此外,陈宝箴还注重留学教育,选派五十名学生赴日学习。

这种种新政措施的推行,使湖南吏治澄清,百废俱举,呈现出一派崭新的面目。湖南遂得以异军突起,傲然走在各省改革的前列,大大改变了以往保守落后的形象。

陈宝箴就职湖南巡抚时,正是康有为、梁启超等资产阶级改良人士奔走呼号、宣传维新变法的时候。矢志倡行改革的陈宝箴,便引康、梁为同道,关心他们的具体行踪,接受他们的进步思想。他尤其欣赏梁启超在《时务报》上发表的鼓吹救亡图强的论述。乃拨款购齐该报,分发各府州县,备参考研究之用;进而慕名聘请梁启超任时务学堂中文总教习,希望梁能够培养出大批的新式人才来。梁启超也不负所望,制订《湖南时务学堂学约》十章,指导学生接触西学,阅读变法理论,研求治国之路等,在当时影响极为深远。

置身于当时风起云涌的维新思潮中,比较开明、趋新的陈宝箴自然大受熏染、洗礼。因此,他能够主动创造条件去响应、接纳种种进步呼声,使湖南这个"安静世界"出现了"观听一新"的蓬勃气象。

1897年4月,《湘学新报》创刊,由江标、徐仁铸先后督办,唐才常等主编,主要介绍西方科学文化知识,宣传变法维新。陈宝箴在该报初办时,饬令各府州县踊跃订购,分交各书院肄业学生及城乡士大夫翻阅,并尽可能送到穷乡僻壤地带,让人们皆通晓当世时务。次年,谭嗣同、唐才常等又创办以"开风气、拓见闻"为宗旨的《湘报》,刊载有关维新变法的论文,鼓吹君主立宪政治。虽然陈宝箴认为议论过于激烈,但依然支持如故,批示除了机密及未议定的文件外,其他一切立案文件都可随时送到该报刊登,以资考证,广见闻,扩大人们的视听。并每月拨银二百两作为该报津贴。同年,德国以巨鹿教案为借口,抢占中国的胶州湾,挑起胶州湾事变。陈宝箴对此深为气愤,屡次电请朝廷要不畏强暴,按照国际公法办事,并密陈筹饷振海军,联与国的策略。

1898年2月,谭嗣同、唐才常等在长沙发起成立南学会,专以开浚知识,恢张能力,拓充公益为主义,积极参预地方兴革,出谋划策,供省政当局参用。该会在长沙设总会,各地有分会,广泛接纳官、绅、士、庶各界人士。每月开会四次,由黄遵宪、皮锡瑞、谭嗣同等轮流主讲,宣传西学,讨论湖南新政。第一次开会时,陈宝箴亲率省府官员到场,当众讲演《论学先必立志》一文,希望会员们知耻而立志,正志而从学,为大清朝赶超欧洲诸国而努力。这一番慷慨激昂的言论,使在座者无不为之动容,而备受鼓舞。时务学堂、南学会的先后创立,使湖南民智大开,士气大昌,盛行兴学办会的风气。据统计,在湖南,短短的时间内,就出现了七所学堂、十八所公会,为湖南新政的次第举行作出一定贡献。特别是南学会后来被称为湖南新政的命脉,便足以说明一切。而所有这些不能不说与陈宝箴的倡导、支持密切相关。

同年11月,光绪帝颁布"明定国是"诏书,开始维新变法。14日,他特别召见实施新政颇有成效的陈宝箴,询问具体事宜。陈指出中国自强之基在于厚植人才,而推行变法更依靠才识优长、锐意改革的仁人志士,因此需要任用贤能。并力陈兴学练兵乃是救亡之策。光绪帝采纳其议,下诏设立京师大学堂。18日,陈宝箴举荐杨锐、刘光第、黄英采、杨枢等十七人辅佐光绪实施新政。其中杨锐、刘光第与林旭、谭嗣同一起受到重用,进入军机处,被合称为"军机四卿",成了维新变法的后起之秀。

21 日,慈禧发动政变,变法失败。10 月,陈宝箴以"滥保匪人"的罪名革职,永不叙用。1900 年,病逝于南昌崝庐,终年六十九岁。

作为一名巡抚,陈宝箴在民族危亡的关头,能够锐意改革,支持变法,咸与维新,其一举一行远远高出与他同时的许多官僚,是难能可贵的,颇值得后人肯定。

人生箴言

> 学问勤中得。
>
> ——汪洙《神童诗》。

成长启示

学问是靠勤奋读书得来的。

异途出身的封疆大吏刘坤一

19、20 世纪之交,义和团运动、自立军起义、惠州起义、八国联军入侵,一连串重大事变接踵而至,清王朝面临前所未有的残破局面。在这风云迭变的政治格局中,少数地方督抚处于举足轻重的地位,起着极其关键的作用。两江总督刘坤一就是其中之一。

刘坤一(1829~1902 年),字岘庄,湖南新宁人。正当他埋首苦读,期望由科举登上仕途之际,太平天国运动爆发,攻势席卷长江中下游地区。湖南乡试被迫停止,刘坤一以一名秀才的身份投身行伍,参加族叔刘长佑统率的湘军楚勇,攻打太平军。他作战勇猛,颇受赏识,经常代替刘长佑领军出战。1858 年,翼王石达开率领的太平军转战赣、闽、浙一带,刘坤一尾随追击。之后又跟踪石达开入广西、攻占柳州等地。1861 年,镇压陈开、李文茂"大成国"起义。1864 年,又以优势兵力扑灭了"大成国"余部,俘获黄鼎凤等首领。刘坤一以极端残酷的手段将其杀害。行刑时,先将黄鼎凤的妻妾子女押赴台下,每杀一人,持首级给黄看,然后再将黄处死。并用黄的首级及心肝祭奠阵亡的弁勇官绅。

太平天国陷落后,太平军余部仍在各地继续战斗,康王汪海洋率领的一支抵达广东嘉应州(今梅县)。清廷授命闽浙总督左宗棠节制闽、粤、赣三省军队,加强围攻。刘坤一奉命赴前线督师。他建议三省官军合围并进,聚歼太平军于嘉应城中。1866 年 2 月 7日,困守孤城的太平军突围,遭到清军疯狂残杀,汪海洋壮烈战死。

在农民起义军的鲜血和尸骨上,刘坤一构筑了自己加官晋爵的阶梯。他的每一项战功,也就是他升官的记录。从知县、知州到广东按察使、广西布政使,一路青云直上。1865年就任江西巡抚。在当时,参加科举考试是做官的"正途",因军功、捐纳举荐而获得官职的则被称为"异途"。刘坤一仅是秀才出身,却凭着十年战功,跻身封疆大吏行列。

江西经过十余年战乱,百姓流离失所,经济遭到严重破坏,农民暴动时有发生。刘坤一出任巡抚后,将吏治和安民作为自己的两大政务,力图恢复统治秩序。他频频调兵遣将,相继镇压了"斋军"暴动、东乡农民抗粮起义、新昌县手工造纸厂工人罢工。同时,积极整饬吏治,弹劾、查办了一批贪赃枉法者。在清廷看来,刘坤一治境有方,政绩显著,是一名不可多得的能干官员。1875年3月,刘坤 署理两江总督,不久赴广州就任两广总督。

从闭塞的内地来到中外交往频繁的沿海地区,所见所闻使刘坤一切身感受到外洋器物的巨大威力,视野大为拓宽。他的洋务观念随之发生变化,由反感鄙视转而步曾国藩、李鸿章等后尘,成为洋务运动后期的主要人物之一。1875年,刘坤一亲自前往香港、澳门考察,增进了对西方资本主义的认识。在两广任内,他筹措经费,加强了广东海防,并制订了建造木壳兵轮、修建虎门等数十座炮台的计划。1878年,刘坤一在广州设立了洋务公所,专门办理中外交涉事宜。轮船招商局在广东开设分局,刘坤一积极支持,并于1879年派人在越南设立分局。刘坤一还开办西学馆,培养掌握近代科技的新式人才。

1880年,刘坤一调任两江总督兼南洋通商大臣。抵任不久,即卷入一场风波。1879年，崇厚在俄国签订了丧权辱国的《里瓦几亚条约》。消息传到国内，朝野一片哗然，纷纷弹劾崇厚失职。以张之洞为代表的清流党连连上奏，坚持废约，要求严惩崇厚。清政府迫于压力，拒绝批准条约，下令将崇厚革职拘禁，定为"斩监候"。沙俄以此为借口，在两国边境和海域部署军队，进行武力恫吓。顿时，中俄关系极度紧张，战争似有一触即发之势。清廷急忙谕令南、北洋大臣刘坤一、李鸿章加强辖区防务。在刘坤一看来，防务自然重要，但更担心严惩崇厚会招致俄国入侵，因此主张从轻处置。这一态度遭到了清流党人的猛烈抨击。张之洞直斥刘坤一身为朝廷重臣，畏葸求和，不能为国解忧。1881年7月，又上奏揭发刘坤一安耽逸乐，不能胜任现职。清流党的言论，正好迎合了慈禧太后的心意，被用以制约权势日重的封疆大吏。8月22日，清廷召刘坤一进京述职。10月27日，免去其两江总督职务，由左宗棠继任。从此，刘坤一息影政坛长达十年之久。

就在这十年中，政局迭经变动，清王朝危机四伏、内外交困。刘坤一作为湘系集团后期的领袖人物，重新得到起用。1891年4月29日，清廷再度任命刘坤一为两江总督，兼通商事务大臣并帮办海军事务。此时，江苏丹阳、无锡、如皋等地教案频频发生，刘坤一就职后，采取严厉手段，坚决镇压。为了加强江南一带的海防，刘坤一认识到发展南洋海军的重要性。他仿照北洋海军章程，调整南洋海军。并向德国订购鱼雷艇和炮艇。同时，整顿南洋水师学堂，裁撤不合格的学生和洋教习。

甲午战争爆发后，由于李鸿章一味避战主和，以淮军为主的中国陆军节节败退，战火迅速烧到东北境内，国内震动。主战派主张改调湘军扭转战局。在翁同龢推荐下,清廷任命竭力主战的刘坤一为钦差大臣,驻节山海关,统军再战。但他深知前方军队派系林立,无法节制,于是借口年老体衰,迟迟不肯应命。清廷一再催促,甚至许以大权:各营将弁,如有不遵调遣,不受约束者,即按照军法从事。刘坤一这才领旨动身。他一到前线,着手建立统一指挥机构——营务处,归并各路行营,并调兵遣将,加强山海关防务。但刘坤一的努力并不能挽回清军的败势。1895 年 2 月北洋舰队覆灭后,日本陆军加强攻势,连陷牛庄、营口、田庄台,湘军连连败北。清廷的希望破灭,被迫停战议和,并派李鸿章赴日谈判。当《马关条约》签订的消息传来,刘坤一坚决反对,认为军队尚能再战,议和可以暂缓。台湾巡抚唐景崧、绅士丘逢甲等宣布成立"民主国",组织抗日。刘坤一表示支持,并致函南洋大臣张之洞设法接济,要求他与北洋大臣李鸿章相约邀请西方各国出面调停,阻止日本侵占台湾。但时过一月,清廷批准和约,刘坤一马上改变态度,反戈攻击唐景崧不自量力,只会增添中国的耻辱。又要求刘永福放弃抵抗,否则就革去他的官职。

1896 年,刘坤一回任两江总督。戊戌变法期间,他一度支持维新活动。康有为、梁启超成立强学会时,他曾捐资五千金,赞助会务。随着变法渐趋高潮,帝党、后党的权力之争日益激烈。老于世故的刘坤一深知慈禧掌握最高权力,故对变法采取观望徘徊的态度,遭到光绪帝严旨申饬。但因为维新派和洋务派的主张有不少相同之处,所以刘坤一站在后者的立场上,也有选择地执行了一些变法措施,如整军经武、兴学育才、振兴农工商等。他曾将储材学堂改为江南高等学堂,将钟山、尊经等旧式书院改为各级新式学堂。戊戌政变后,他劝阻慈禧不必尽废维新措施,并在辖区内予以保护。1899年,刚毅奉命南下巡视,要求停办江南高等学堂。刘坤一被迫将其改为格致书院,但仍实行学堂的规章制度。

慈禧扼杀维新运动后,再度临朝训政,将光绪幽禁在南海瀛台。她接受荣禄建议,准备废黜光绪,并密电南方各省督抚,征求同意。湖广总督张之洞等含糊其词,不敢明确表态。刘坤一闻讯,坚决反对,声称君臣之义早已确定,应该谨防中外人士之口。当时,康有为在海外致力于保皇活动,要求太后归政。这使慈禧感到光绪并不孤立,更想将其废黜。不久又重提废立之事,并于1900年1月2日立端郡王载漪之子溥伟为"大阿哥"(皇位继承人)。为防备刘坤一再惹事端,慈禧特意召其进京。但刘坤一见到慈禧,仍持反对态度。与此同时,西方各国也公开出面干预。这一切,使慈禧深感掣肘,废立之举只得作罢。刘坤·的言行得到了中外舆论的赞誉,他在督抚中的地位更显重要,清廷和西方列强都对其另眼看待。

不久,义和团运动在北方兴起。载漪、刚毅等人主张招抚,企图利用义和团来发泄对洋人的仇恨。刘坤一、张之洞等地方督抚力主剿灭。刘坤一认为,义和团攻打外国使馆杀戮洋人之举将招致外国入侵,而敌我双方强弱悬殊,中国难以与西方列强同时开战。督抚们的主剿态度,一度使慈禧犹豫不决。但6月17日大沽炮台沦陷后,慈禧深感威胁严重,惧怕八国联军逼她归政,便于6月21日发布对外宣战上谕。刘坤一见劝阻不成,转而谋求在长江流域免开战火。他以为,北方局势已经糜烂,倘若东南各省再遭蹂躏,全局将不可收拾。他与张之洞、李鸿章等经过频繁磋商,相约决定,凡 6 月 20 日以后的上谕都是伪诏,概不奉行。与此同时,刘、张通过盛宣怀从中联络,于 6 月 26 日与各国驻上海领事订立东南互保章程。章程规定:上海租界归各国共同保护,长江及苏杭内地均归各督抚保护,两不相扰;保护各地教堂及商民、教士等。实施协议之初,刘坤一遇到了阻力。长江巡阅使李秉衡、江苏巡抚鹿传霖与他意见相左。深谙权术的刘坤一首先劝鹿传霖奉旨北上勤王,然后又借鹿的名义,请李秉衡领兵北援,轻而易举地将两人支开。障碍一除,刘坤一严令辖区内地方官吏执行"互保"规定,并派遣大量兵勇日夜巡逻,严防义和团民入境。

在刘坤一、张之洞倡导下,李鸿章、袁世凯等东南各省督抚纷纷加入"互保"。"互保"的范围由长江中下游诸省扩至福建、广东等十余省。"东南互保"压制了南方地区的反帝爱国斗争,免除了西方列强扑灭义和团时的南顾之忧,但同时也防止了战祸蔓延,维护了南方社会经济的稳定。慈禧彻底战败后,迅速转向,承认了东南督抚的抗命之举,并谕令刘坤一协助李鸿章谈判。针对西方列强苛刻的议和条件,刘坤一逐条驳斥,多项提出修改要求,试图使清政府少受损失。在慈禧流亡西安期间,刘坤一等督抚共同支撑了危局。为表彰刘坤一保全东南疆土的"功绩",清廷赏赐他太子太保衔。

1901 年 1 月,慈禧颁布变法上谕,明令大臣各抒己见,条陈建言。7 月,刘坤一与张之洞联衔呈递三份奏折,系统而具体地阐述了他们的变法主张。第一折论育才兴学,提出兴办文武学堂、变通科举、停罢武科、奖励留学;第二折论致治、致富、致强之道,提出停止捐纳制度等十二条;第三折论采用西法,提出制订法律等十一条。这就是有名的"江楚会奏变法三疏"。清廷对此非常重视,下令各省疆吏择要举办,刘坤一、张之洞的会奏成了晚清最后十年新政的范本。

新政的帷幕刚刚拉开,刘坤一就于1902年10月7日病故,终年七十三岁。清廷追封他为一等男爵,晋赠太傅,谥号"忠诚"。

人生箴言

为善则流芳百世,为恶则遗臭万年。

——程允升《幼学琼林·人事》。

成长启示

做善事则流芳百世,做恶事则遗臭万年。